CHENGKE DIANTI JIXIE GUZHANG
ZHINENG YUPAN FANGFA

乘客电梯机械故障
智能预判方法

葛阳　著

苏州大学出版社
Soochow University Press

图书在版编目(CIP)数据

乘客电梯机械故障智能预判方法 / 葛阳著. —苏州：
苏州大学出版社，2023.10
ISBN 978 - 7 - 5672 - 4584 - 6

Ⅰ.①乘…　Ⅱ.①葛…　Ⅲ.①智能技术-应用-电梯
-故障诊断-研究　Ⅳ.①TU857 - 39

中国版本图书馆 CIP 数据核字(2023)第 209568 号

书　　　名：乘客电梯机械故障智能预判方法
著　　　者：葛　阳
责任编辑：肖　荣
助理编辑：周　雪
装帧设计：吴　钰
出版发行：苏州大学出版社
社　　　址：苏州市十梓街 1 号　邮编：215006
印　　　装：江苏凤凰数码印务有限公司
网　　　址：www.sudapress.com
邮　　　箱：sdcbs@suda.edu.cn
邮购热线：0512-67480030
销售热线：0512-67481020
开　　　本：787 mm×1 092 mm　1/16　印张：9.5　字数：197 千
版　　　次：2023 年 10 月第 1 版
印　　　次：2023 年 10 月第 1 次印刷
书　　　号：ISBN 978- 7 - 5672 - 4584 - 6
定　　　价：39.00 元

前言

在现代社会,电梯已经成为城市生活中不可或缺的一部分。然而,电梯故障和事故也给人们带来了安全隐患与经济损失。因此,提前预测电梯故障具有重要意义。本书旨在介绍机器学习方法在电梯故障预判中的应用,通过运用智能技术,提前预判乘客电梯机械故障,以提高电梯的安全性、可靠性和运行效率。

本书详细阐述智能预判方法的理论基础和技术框架,通过运用机器学习、数据分析和模式识别等先进技术,提出了一种基于物联网模式的电梯故障预诊断方法;通过监测电梯系统中各种传感器数据和指标,结合历史故障数据和模型训练,实现对电梯机械故障的智能预测。另外,本书还探讨了实际应用中如何建立预测模型和优化算法,以提高故障预测的准确性和实时性。本书通过实际案例和应用实验,验证所提出的方法的有效性和实用性。通过本书的学习和实践,读者将能够掌握乘客电梯机械故障智能预判的核心理论和方法,为电梯安全运行和按需维保做出积极贡献。

本书第一完成单位为常熟理工学院。本书内容来自苏州市科技计划(SYG202021)、江苏省高等学校自然科学研究(20KJA460011、21KJA510003)、苏州市吴江区科技计划(智能电梯技术研究中心)等基金项目的阶段性成果。本书在撰写过程中得到了中国特种设备检测研究院、江苏省特种设备安全监督检验研究院、东南电梯股份有限公司、通用电梯股份有限公司、苏州莱茵电梯股份有限公司以及苏州远志科技有限公司等单位的大力支持。

通过不断的研究和创新,智能预判方法将在乘客电梯领域发挥越来越重要的作用。衷心希望本书能够为乘客电梯行业的从业者、维保人员、研究学者及相关领域的决策者提供有价值的参考,促进电梯安全性和可靠性的提升。

由于作者水平有限,书中难免存在缺点和不足之处,恳请读者批评指正。

目录

第1章

绪 论

1.1 研究背景与意义
＊＊＊＊＊＊＊＊＊＊＊＊＊＊＊＊＊＊＊＊

大数据背景下,电梯维保正在逐步由定期现场人工检测、维修向远程在线监测、按需维保模式转变。第四代住宅乘客电梯作为信息化程度更高的垂直交通工具,其安全运行必然要依靠基于大数据技术手段的按需维保。传统的现场检测手段需要维保人员到现场对零部件逐个检测,耗时长、对经验要求高、维保成本高。随着人工智能、机器学习技术的发展,越来越多的故障诊断技术被提出。与传统的维保手段相比,依靠大数据和人工智能手段的电梯健康状态远程监测手段,可避免人员到现场以及对先验知识的依赖,可以实现对故障的智能精确诊断和预判。因此,为实现大数据背景下的第四代住宅乘客电梯的健康状态自适应智能预判,克服传统监测方法的不足,提高电梯故障预判的时效性和准确性,人工智能方法的运用意义重大。

1.2 国内外电梯故障诊断与预判研究现状
＊＊＊＊＊＊＊＊＊＊＊＊＊＊＊＊＊＊＊＊＊＊＊＊＊＊＊

针对电梯健康状态监测的分析和应用,国内外都已做了大量的工作。在国内,清华大学、上海交通大学、哈尔滨工业大学、苏州大学、中国矿业大学和广东省特种设备检测研究院等诸多大学及院所都非常重视电梯安全的研究。本书对电梯运行监测方法、数据驱动的预测方法、多工况情景下的设备健康深度迁移学习预测及其分析的相关技术进行了广泛而深入的调研,国内外研究现状及动态分析情况如下。

1.2.1　电梯运行监测方法的研究现状

电梯运行监测方法总体上可以分为两类：一是定期检测，二是在线检测。关于定期检测方法，沈永强[1]提出了一种使用加减速度测试仪测试轿厢上行制动平均减速度，判定电梯的制动性能是否满足标准要求；王寅凯等[2]通过获取驱动扭矩和不平衡扭矩，计算制动扭矩，根据预警阈值判断曳引机制动器是否正常；文献[3]建立了一种制动力矩模型，可在空载情况下模拟计算125％载荷试验的制动加速度[4]。关于在线检测方法，广东工业大学盛山山[5]提出了基于粒子群优化算法（PSO）优化径向基函数（RBF）神经网络电梯故障预测方法，对电梯的冲顶和蹲底故障进行了预测；文献[6]基于时域反射（TDR）技术设计了一种电梯随行电缆检测传感器，可以检测电缆沿线存在的故障和位置；文献[7]利用深度自编码模型、随机森林算法，基于电梯启动和停止时的加速度与磁信号特征进行电梯故障预测研究，故障检测准确率达到了90％以上；程贝贝等[8]采集制动器的温度信号、振动信号、电流信号、噪声信号等，通过无线技术传回数据中心，实现对制动器状态的实时检测；贺无名[9]等通过检测制动器制动过程中闸瓦间隙信号，采用小波包分析提取故障特征，同时利用最小二乘法支持向量机（LS-SVM）实现电梯制动器的故障诊断；文献[10]介绍了一种通过测量运行线圈的加速度曲线来自动诊断线圈磨损状态的方法；文献[11]提出了采用高精度远程激光三角测量非接触式传感器检测线圈的运行状态，对位移数据进行分析，及时发现制动系统的隐患。以上这些方法可以直接或间接地判断出电梯是否发生故障或者将要发生故障，一定程度上可以减少维保人员的工作量，降低电梯发生故障的概率。但这些方法或技术几乎都是基于电梯本身的样本数据来判断其健康状态的，需要提前完成大量的数据采集和标定工作，不利于对批量电梯健康状态进行监测。

1.2.2　数据驱动的预测方法研究现状

电梯是机电产品的一种，所以可以借鉴国内很多关于机电产品健康监测方面的研究。从现有研究来看，机电产品健康监测及识别方法可以归纳成三类：故障机理模型[12]、数理统计模型[13]和数据驱动模型[14]。其中数据驱动的预测方法可以克服故障机理模型难以建立和数据统计的预测误差大的问题，可以从大量数据中提取设备劣化特征，已经成为健康状态识别研究的主流方法[15]。目前，马尔科夫模型[16]、支持向量机模型[17]、人工神经网络模型[18]、维纳过程模型[19]、随机滤波模型[20]等是比较常见的用于机电产品退化状态模式识别的方法。贝叶斯网络是不确定知识表达和推理领域最有效的理论模型之一，非常适合于产品故障诊断，在复杂设备的故障诊断中也有较多的应用[21]。深度学习（DL）是当前研究的热点算法。文献[22]提出了一种新的深度学习网络,该网络利用分流缠绕受限玻尔兹曼机(RBMs)进行分层特征学习,直接从原始振动信号中学习故障特征,该方法能够提取出故障检测的敏感特征。作为一种深度学习模型,深度信念网络(DBN)由多个RBMs组成。文献[23]提出了一种分布不变DBN(DIDBN),直接从原始振动数据中学习分布不变特征,诊断准确率更高。文献[24]提出一个基于DBN的层级诊断网络,用于滚动轴承不同故障模式识别。文献[25]应用DBN分析振动信号的特征,监测端铣操作的切削状态。文献[26]基于变速箱的振动信号,将卷积神经网络(CNN)应用于变速箱故障诊断与分类。余永维等[27]针对射线实时成像检测中精密铸件微小缺陷自动定位的需要,利用CNN的深度学习特征,通过学习缺陷特征矢量相似度,实现缺陷点的自动匹配。深度学习在模式识别领域有着巨大贡献,解决了以往机器学习识别率低的问题。但是其前提是训练数据和测试数据是基于独立同分布的假设,而且对标定的训练数据的质量和样本量有一定的要求。由于专门针对电梯健康状态的数据采集量很少,数据标定困难,关键零部件的全寿命数据更少,而且电梯工况各异,数据的普适性差,现有的CNN、循环神经网络(RNN)、长短期记忆网络(LSTM)等深度学习方法,对于多源异构和不完备电梯故障数据的情况普适性不足,稳健性差。

1.2.3 多工况情景下的设备健康深度迁移学习预测研究现状

针对多工况设备的剩余使用寿命预测问题,文献[28]提出了一种新的基于相似度的剩余使用寿命预测算法和机器预测方法。从现有研究来看,对于多工况设备剩余使用寿命预测,一种方法是采用迁移思想,利用相似程度进行预测;另一种方法是将工况参数加入所建模型。文献[29]利用CNN训练源域数据集的轴承故障预测模型,通过目标域数据集的无标签轴承振动信号,利用迁移学习方法进行目标域数据集的轴承故障诊断。雷亚国[30]等利用深度残差网络从不同域的机械装备监测数据中提取迁移故障特征,建立深度迁移诊断模型,基于实验室滚动轴承的故障诊断模型,迁移预测铁路机车轴承的故障状态。文献[31]构建了一种深度迁移学习网络模型,利用稀疏编码器进行特征提取,以Kullback-Leibler(KL)散度为衡量标准,通过调整模型参数,实现不同刀具之间剩余预测模型的迁移。中国科学技术大学毛磊、北京航空航天大学马剑、电子科技大学黄洪钟、武汉科技大学徐增丙、苏州大学朱忠奎等都在基于迁移学习的故障诊断方法上提出了新的理念和思路,促进了迁移学习方法的应用。迁移学习虽然为不完备数据以及变工况条件下的源域和目标域之间的信息迁移提供了桥梁,但对于工况频繁变化的设备而言,由于不同工况下传感器数据可能存在较大差异,且很多是非均衡数据,现有的深度学习和迁移学习容易导致过拟合问题,最终表现为预测稳健性不足,网络框架和机制有待改进,这也是本书要解决的关键问题。

2023年,我国电梯保有量接近1 000万台左右。作为一种特种设备,电梯的可靠性关乎人们的生命财产安全。随着制造、维保技术的提升,电梯的可靠性不断提高,但电梯事故还是时有发生,且社会影响大。据 2022 年中国电梯行业协会统计数据显示,导致电梯安全隐患的因素中,"制造质量"占 16%,"安装"占 24%,而"维保和使用"占比高达60%。及时维保是消除电梯安全隐患的重要手段。2018 年,国务院办公厅印发《关于加强电梯质量安全工作的意见》推广基于物联网的按需维保新模式。基于物联网的电梯按需维保是社会发展大势所趋,但目前还面临故障智能诊断能力弱的瓶颈。电梯现有的自检功能还非常有限,缺少机械零部件损伤自检功能,往往是在故障已经发生的情况下才被迫停梯,属于事后报警。本书以电梯关键零部件作为研究对象,基于各种故障机理,通过融合多源传感器信息,研究电梯健康状态智能预判方法。

电梯健康状态预测属于故障诊断和模式识别领域,但由于电梯的一些特殊属性,目前电梯健康状态预测还存一些难题。

难点一:多源传感器数据融合与电梯健康态势感知关联机理不明确,缺少电梯健康状态特征的构建方法。当前电梯的健康状态标定一般采用单一传感信息,不能适用智能化预测需求。如何将电梯各传感器获取的大量瞬时同步、异步、结构化、非结构化等多源传感器数据融合成高度关联电梯健康状态的特征是当前急需解决的难题。

难点二:电梯工况多变、型号繁多,现有故障诊断方法应用于电梯健康状态预测的普适性不足。与其他机电设备相比,电梯具有一定的特殊性,主要体现在:工况不一、载荷多变、运行速度不均匀、重心不固定等,不同电梯的健康状态数据分布类型不尽相同。现有的故障诊断、模式识别以及趋势预测方法在综合解决这些问题方面的普适性不足。

难点三:电梯健康状态监测信息往往表现为非完备数据,现有预测方法鲁棒性不足。因电梯故障的随机性、数据采集方式、数据标定难度等因素影响,电梯健康状态监测信息往往表现为非完备和非均衡数据。迁移学习是目前解决非完备数据场合的优选方法,但是鉴于电梯的特殊属性,还存在失稳的问题。

针对以上难题,借鉴深度迁移学习的自适应优势,本书引入深度迁移学习技术,通过研究电梯健康状态识别和剩余使用寿命预测方法,可为电梯安全运行提供更多保障,让电梯自主诊断健康状态,提前发现潜在故障,避免电梯带"病"运行,保证电梯安全运行。本书通过实时监测电梯健康状态并评估剩余使用寿命,为电梯的按需维保提供技术依据和评估手段。目前电梯物联网实现的健康状态监测功能还处于"事后报警"阶段,对按需维保作用甚微,本书基于中医"治未病"理念,研究故障提前感知方法,便于电梯按需维保,从而降低电梯发生故障的概率,促进电梯物联网的智能化发展。

1.3　主要研究内容及结构安排

✱✱✱✱✱✱✱✱✱✱✱✱✱✱✱✱✱✱✱✱✱✱✱✱✱

针对电梯健康状态数据标定困难、数据不完备、数据分布类型不一致等问题,本书拟利用迁移学习理念,针对目标电梯数据不完备问题,利用少量已标定源域数据,配合目标域不完备无标签样本,改进深度预测模型,提高模型的预测精度和稳健性,实现不同电梯之间信息的相互迁移,提高拓展深度学习在训练数据不足、数据类型不一致条件下的泛化能力,从而减少在重新采样和标定庞大数据集方面的投入,为电梯健康状态监测提供一个能够实现"举一反三"的智能诊断方法,为电梯的按需维保提供技术支持。

1.3.1　研究内容

基于物联网的电梯按需维保,关键是判断"需"的时机,实质是评估电梯的健康状态,理论上属于故障诊断领域。针对工况多变、新旧电梯共存、数据不完备等因素导致的现有故障诊断方法普适性差的问题,本书重点开展多工况条件下电梯健康状态多源信息融合表征方法、非完备数据条件下知识域信息迁移方法、基于深度迁移学习的电梯健康状态识别方法以及不确定失效阈值条件下电梯关键零部件剩余使用寿命预测方法等内容的研究,各研究内容之间的关系如图 1-1 所示。

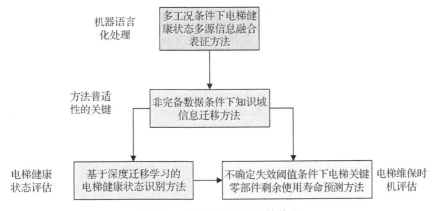

图 1-1　各研究内容之间的关系

（1）多工况条件下电梯健康状态多源信息融合表征方法研究。

如图 1-2 所示,用外加传感器采集电梯的运行状态信号,例如振动信号、位置信号、力学信号、温度信号、噪声信号等。由于多源信息对电梯健康状态的反应机制、尺度不同,本书将采集多源传感器数据,将其融合成能够反映健康特征的特征矩阵。受电梯结构和运行环境的影响,所采集到的运行信号往往包含大量的噪声信息。为了降低噪声信息影响,提取能够反映关键零部件退化趋势的敏感信息,本书引入数学形态学和流行学习方法建立多源信息融合模型,导出能够紧密关联电梯健康状态的特征向量。

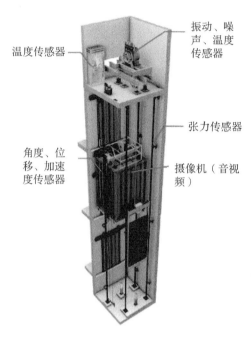

温度传感器

振动、噪声、温度传感器

张力传感器

角度、位移、加速度传感器

摄像机（音视频）

图 1-2　电梯多源传感器采集方案

（2）非完备数据条件下知识域信息迁移方法研究。

由于技术及管理方面的原因,当前能收集到的电梯健康状态数据非常有限,而且详细标定非常困难。大规模采集电梯健康数据需要投入大量的人力和物力,且采集到的数据质量难以保证,所以本书拟采用迁移学习方法从已有的电梯健康状态数据和实验数据中将源域有用的数据转移到测试电梯健康状态预判系统中,主要技术手段是通过构建判别模型形成对抗迁移网络,建立敏感信息自适应迁移机制。

（3）基于深度迁移学习的电梯健康状态识别方法研究。

如果简单地将电梯的健康状态分为正常和故障,是难以对故障提前预判的。为了便于机器对状态的识别,需要将关键零部件的退化划分为多个阶段,划分阶段的数量直接影响下一步状态识别率和剩余使用寿命预测精度。聚类评价法简单易行且计算效率高,所以本书提出基于聚类模型的电梯关键零部件退化阶段数目确定方法。电梯健康状态识别可以预判电梯是否正常,是进行剩余使用寿命预测的基础。训练网络结构直接关系状态预测精度,本书提出自适应多尺度多层卷积网络的电梯健康状态识别网络框架,并在深度学习网络中加入迁移学习的动态对抗域自适应模型,增强识别网络的泛化能力,提高预测精度。

（4）不确定失效阈值条件下电梯关键零部件剩余使用寿命预测方法研究。

进行电梯零部件的剩余使用寿命预测有利于提前进行电梯维保工作规划,降低维保成本。电梯关键零部件剩余使用寿命预测是在状态识别的基础上,进一步预测关键零部件还能正常工作的时间。由于电梯工况多样,不同电梯状态数据之间可能差异很大,很多情况下没有确定的失效阈值,且在样本数据有限的情况下,进行关键零部件剩余使用寿命预测的难度较大,对预测模型的要求高,所以预测模型的建立是本书研究的重点,本书提出基于改进粒子滤波和时间卷积网络的电梯不确定失效阈值的剩余使用寿命预测方法。

1.3.2　研究目标

本书探索多工况电梯健康状态特征的迁移方法,利用数学形态学、迁移学习、深度学习、粒子滤波等理论和方法,建立电梯故障预判深度网络,解决多工况非完备数据下电梯健康状态识别及剩余使用寿命预测问题,具体研究目标如下。

（1）建立数据多源异构条件下源域数据迁移模型。

本书研究非完备数据条件下异源数据知识迁移的机理和方法,解决电梯健康状态样本量小、数据标定困难的问题。基于迁移学习原理,利用已有的样本数据和相似产品的样本数据,建立迁移学习模型,解决数据样本少、数据不完备条件下电梯健康状态预判问题。

（2）建立电梯健康状态深度迁移学习识别神经网络框架。

基于深度迁移学习理论,建立电梯健康状态识别深度学习网络结构,利用电梯健康状态的历史数据进行学习和训练,将实时采集到的健康状态信号输入训练好的神经网络进行状态识别,可以达到实时监测电梯健康状态的目的。

（3）提出基于不确定失效阈值的电梯剩余使用寿命预测方法。

电梯剩余使用寿命的预测是进行电梯按需维保的前提。本书旨在提出一种数据驱动的电梯实时剩余使用寿命的预测方法,让维保单位实时了解电梯的健康状态,方便规划电梯的下一次维保时间。

1.3.3　研究的结构框架

本书以电梯按需维保技术需要为线索,以电梯为研究对象,针对工况多变、批量采集电梯健康状态数据困难、数据分布异型等问题,通过研究电梯健康状态表征方法、异型分布数据迁移机理及方法、健康状态在线识别网络、剩余使用寿命预测方法,系统地提出一套数据非完备条件下基于深度迁移学习的电梯故障预判方法。本书总体研究结构框架如图1-3所示,首先采集各关键零部件的健康状态信号数据,其次对采集到的信号进行特征提取,最后构建深度迁移模型,研究关键零部件健康状态识别方法和剩余使用寿命预测方法。

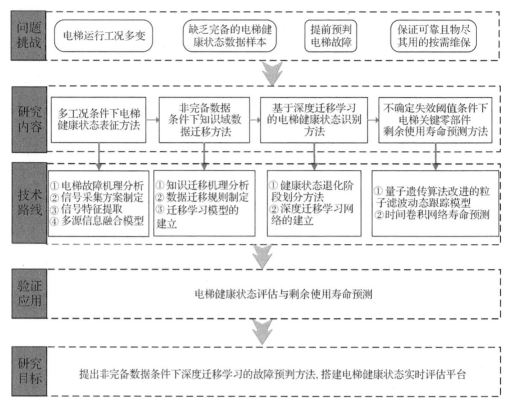

图1-3 本书总体研究结构框架

第2章
电梯关键零部件性能退化状态确定

2.1 引　言
* * * * * * * * * * * * * *

　　电梯关键零部件性能退化状态是指零部件由健康(正常)状态开始逐渐退化到失效状态的过程。进行性能退化状态划分的目的是在故障诊断或剩余使用寿命预测时能够识别出零部件当前所处的状态。若性能状态划分过多,容易导致区分度不够,给故障识别带来难度;而划分过少,比如只划分成正常和故障两种状态,则无法达到预判电梯故障的目的。因此,电梯关键零部件健康状态的划分是本书研究的基础和前提。

　　电梯零部件健康状态划分实质就是一个数据聚类过程,将具备相同特征的数据聚合到一起,即形成一个健康状态。聚类分析方法是数据挖掘理论中一个重要的领域,是从海量数据中发现知识的一个重要手段。其中,K均值(K-means)算法是聚类算法中应用非常广泛的算法,在聚类分析中起着重要作用。将日益丰富的数据收集并存储于空间数据库中,随着空间数据的不断增多,海量的空间数据的大小、复杂性都在快速增长,远远超出了人们的解译能力,若要从这些空间数据中发现邻域知识,则迫切需要产生一个多学科、多邻域综合交叉的新兴研究邻域,空间数据挖掘技术应运而生。虽然 K-means 聚类算法已在数据挖掘领域提出 60 多年,但是目前仍然是应用最为广泛的聚类算法之一[32]。容易实施、简单、高效、有成功的应用案例和经验是其仍然流行的主要原因。

2.2 经典 K-means 算法

* *

1955 年斯坦豪斯(Steinhaus)、1957 年劳埃德(Lloyd)、1965 年鲍尔和霍尔(Ball & Hall)、1967 年麦昆(McQueen)分别在他们各自研究的不同科学领域独立提出了 K-means 聚类算法。K-means 聚类算法是一种基于形心的划分技术,是数据挖掘领域最为常用的聚类方法之一,起源于信号处理领域。它的目标是将整个样本空间划分为若干个子空间,每个子空间中的样本点距离该空间中心点的平均距离最小。因此,K-means 算法是划分聚类的一种方法。

K-means 算法先接收输入量 k,然后将 n 个数据对象划分为 k 个聚类,使得所获得的聚类满足:同一聚类中的对象相似度较高,而不同聚类中的对象相似度较小。聚类相似度是利用各聚类中对象的均值所获得的“中心对象”(引力中心)来进行计算的。

K-means 算法的工作过程如下:首先从 n 个数据对象中任意选择 k 个对象作为初始聚类中心;而对于剩余对象,则根据它们与这些聚类中心的相似度,分别将它们分配给与其最相似的聚类;然后再计算每个新聚类的聚类中心;不断重复这一过程直到标准测度函数开始收敛为止。一般采用均方差作为标准测度函数。k 个聚类具有以下特点:各聚类本身尽可能紧凑,而各聚类之间尽可能分开。

假设数据集 D 包含 n 个欧氏空间中的对象。划分方法是把 D 中的对象分配到 k 个簇 $C_1, C_2, \cdots, C_k$ 中,使得 $1 \leqslant i, j \leqslant k, C_i \subset D$ 且 $C_i \bigcap C_j = \varnothing$。一个目标函数用来评估划分的质量,使得簇内对象相互相似,而与其他簇中的对象相异。也就是说,该目标函数以簇内高相似性和簇间低相似性为目标。

基于形心的划分技术使用簇的形心代表该簇。对象 $s \in C_i$ 与该簇的代表 c_i 之差用 $d(s, c_i)$ 度量,其中 $d(x, y) = \sqrt{\sum (x_{i1} - y_{i2})^2}$,这里 $i = 1, 2, \cdots, n$。簇 C_i 的质量可以用簇内变差度量,它是 C_i 中所有对象和形心 c_i 的误差的平方和,即

$$\alpha = \sum_{i=1}^{k} \sum_{s \in c_i} d(s, c_i)^2 \tag{2-1}$$

其中,α 是数据集中所有对象的误差的平方和;s 是空间中的点,表示给定的数据对象;c_i 是簇 C_i 的形心。

2.3　K-means 聚类算法的参数及其改进

＊＊＊＊＊＊＊＊＊＊＊＊＊＊＊＊＊＊＊＊＊＊＊＊＊＊＊＊＊＊＊

K-means 聚类算法需要指定 3 个参数:类别个数 k、初始聚类中心、相似性和距离度量。针对这 3 个参数,K-means 聚类算法出现了不同的改进和变种。

2.3.1　基于 k 值的改进

在 K-means 算法中 k 是事先给定的,k 值的选定是难以估计的。很多时候,事先并不知道给定的数据集应该分成多少个类别才最合适。这也是 K-means 算法的一个不足之处。有的算法是通过类的自动合并和分裂,得到较为合理的类别数目 k,例如迭代自组织数据分析(ISODATA)算法。

2.3.1.1　聚类有效性函数

利用聚类有效性函数是非常简单的一种解决方法,从区间 $[2,\sqrt{N}]$(N 表示聚类数上限)内逐一选取 k 值,并利用该函数评价聚类的效果,最终得到最优的 k 值。

很多学者按照这种思想提出了一系列解决方法。李永森等[33]提出的距离代价函数综合了类际距离和类内距离两个距离函数,类际距离为所有聚类中心到全域数据中心的距离之和,类内距离即所有类中对象到其聚类中心的距离之和。证明了当距离代价函数达到最小值时,空间聚类结果为最优,此时对应的 k 值为最佳聚类数。杨善林等[34]提出的距离代价函数作为空间聚类的有效性检验函数,就是当距离代价函数达到最小值时,以距离代价最小准则实现了 k 值优化算法,空间聚类结果为最优。根据经验规则计算和确定最优解的上界,给出了求 k 值最优解 k_{opt} 及其上界 k_{max} 的条件,并在理论上证明了经验规则 $k_{max} \leqslant \sqrt{N}$ 的合理性。吴艳文等[35]提出的通过提供相对较易得到的初值 k,得到 k 个初始聚类,分析聚类之间的相互关系,判断哪些聚类应是同一类,从而求出 k 的优化值。王朔等[36]提出基于非模糊型集群评估指标(DBI)的概念。该指标主要利用几何原理进行运算,分别以聚类间离散程度及位于同一类内数据对象的紧密程度为依据,即不同聚类间的相异性高,而同一类内数据对象的相似性高,并以此来进行聚类结果的评估。当类内各数据对象间距离越小而类间距离越大时,指标值越小,代表各聚类内的数据对象越紧密且聚类间的差异越大。指标值越小,表明此聚类数目下聚类结果越佳,各聚类内数据的相似度越大而类间的相似度越小,由此得到最佳聚类数目。

2.3.1.2　遗传算法

班迪约帕迪耶(Bandyopadhyay)等[37]基于遗传算法提出了进化聚类(GCUK)算法。

遗传算法中染色体是运用字符串方式编码,也就是将每个初始聚类中心的坐标按照顺序进行编码,符号"♯"表示没有作为初始聚类中心的数据点,编码完成以后在逐代交叉运算中得到最优 k 值。张月琴等[38]基于遗传算法提出了优化值参数。在遗传算法中,通过编码来实现染色体。依据 K-means 算法找到最佳的 k 值,染色体的编码即对 k 值的编码。一般情况下,对于某类问题,总是有一个聚类的最大类数,这个值既可由用户输入,也可以是给定的聚类样本个数。k 是介于 1 和最大类数之间的整数,可以使用二进制串即染色体来表示。胡或等[39]提出了由遗传操作中的变异操作来控制 k 值的大小。变异操作的本质是挖掘群体中个体的多样性,同时提高算法的局部随机搜索能力,防止出现未成熟收敛。通过对个体适应度函数的求解,决定聚类数 k 值的变化方向。由于最初所给的聚类数 k 值并非是最佳聚类数,因此将最初所给种群中具有最大适应度值的个体作为最佳聚类数的榜样个体,其他个体的长度(k 值)向榜样个体的长度靠拢。

2.3.1.3　其他方法

孙雪等[40]提出了一种基于半监督 K-means 的 k 值全局寻优算法。设初始少量数据集带标记的为监督信息,其余为无标记数据集,监督信息数据集的标记为 i 和 j。设 k=2 为初值,在完整的数据集上进行 constrained-K-means 聚类。当 k 取不同的值时,计算监督信息中被错误标记的数据总数 N,公式如下:

$$N = \sum_{c=1}^{k} \min(n_{ic}, n_{jc}) \tag{2-2}$$

其中,c 表示聚类后各簇的标号;n_{ic},n_{jc} 分别表示在第 c 簇中标记为 i,j 的数据所占的比例。出现空簇的频率取决于 k 值的上限。当出现空簇的频率大于 50% 时,则 k 被认为已取得最大值。在 k 值优化的整个过程中,如果某一簇内的监督信息满足以下条件,即

$$\frac{\max(n_{ic}, n_{jc})}{n_{ic} \bigcup n_{jc}} < 阈值 \tag{2-3}$$

则该次聚类结果被认为是无效的,保留有效簇的中心值,再开始新一轮聚类。在中心点的选择上采取了半增量的迭代方式,提高了算法性能。式(2-3)阈值的选取可采用重复实验的方法。一般当 n_{ic} 与 n_{jc} 的数量相差较少时,类标记为 c 的簇就为无效簇。使式(2-2)中 N 取得最小值的 k 值即为 K-means 聚类算法的最佳初值。

田森平等[41]提出了根据所需聚类数据分布的属性来计算它们间的距离,经过一系列变换,最终得到聚类参数 k 值。从需要聚类的数据中抽取一部分样本数据,计算抽样数据间的距离,得到一沿对角线对称的距离矩阵,从这一距离矩阵中找出一个大于零的最小距离,即 $\min d(x_i, x_j)$,作为高密度半径和簇划分半径的一个项,来保证这两个半径不会太小;对距离矩阵按列求平均值,再对这些平均值求 R_i,求平均值得到 $\overline{R}$,根据 $|R_i - \overline{R}|/\overline{R}$ 的误差去掉噪声点,在噪声点完全去除后,重新计算 $\overline{R}$,根据 $\overline{R}$ 和 $\min d(x_i, x_j)$,求得高密度半径 R。再找出 $\min R_i$,依据 $d(x_i, x_j) < \min R_i$ 得到高密度个数的参数 Z;最

终根据 R 和 $\min d(x_i,x_j)$ 获得簇划分的半径 r，合并簇的中心点之间的距离为 m，合并簇的边界点之间的距离为 h。

2.3.2　初始聚类中心的选择

K-means 算法是贪心算法，在多数情况下，只能得到局部最优结果。初始聚类中心的选取是随机的，不同的选取方法得到的最终局部最优结果也不同。所以可能造成同一类别中的样本被强制当作两个类的初始聚类中心，使得聚类结果最终只能收敛于局部最优解。K-means 算法的聚类效果在很大程度上依赖于初始聚类中心的选择，因此，学者提出了多种初始聚类中心的选取方案。

袁方等[42]提出了基于密度的优化初始聚类中心的方法，找到一组能反映数据分布特征的数据对象作为初始聚类中心。首先计算数据对象所处区域的密度，定义一个密度参数：以 x_i 为中心，包含了常数 $minPts$（表示邻域最小点数）个数据对象的半径称为对象 x_i 的密度参数，用 ε 表示。ε 越大，说明数据对象所处区域的数据密度就越低；反之，ε 越小，说明数据对象所处区域的数据密度越高。通过计算每个数据对象的密度参数，就可以发现处于高密度区域的点，从而得到一个高密度点集合 D。在 D 中取处于最高密度区域的数据对象作为第 1 个聚类中心 z_1；取距离 z_1 最远的一个高密度点作为第 2 个聚类中心 z_2。分别计算 D 中各数据对象 x_i 到 z_1，z_2 的距离 $d(x_i,z_1)$，$d(x_i,z_2)$。z_3 为满足

$$\max(\min(d(x_i,z_1),d(x_i,z_2))), \quad i=1,2,\cdots,n \tag{2-4}$$

的数据对象 x_i；z_m 为满足

$$\max(\min(d(x_i,z_1),d(x_i,z_2),\cdots,d(x_i,z_{m-1}))), \quad i=1,2,\cdots,n \tag{2-5}$$

的数据对象 x_i，$x_i \in D$。依此得到 k 个初始聚类中心。

秦钰等[43]提出了探测数据集中的相对密集区域，利用这些密集区域生成初始聚类中心。该方法能够很好地排除类边缘点和噪声点的影响，并且能够适应数据集中各个实际类别密度分布不平衡的情况，最终获得较好的聚类效果。利用非加权组平均（UPGMA）层次聚类算法初期汇聚效果好的优势，发现数据集中的密集区域，避免类边缘点或噪声点成为初始聚类中心，同时，着重考虑区域的相对密集程度，改变 UPGMA 算法的停止条件，使子树的生成停止在不同的聚类层次上，以适应各个实际类别密度不平衡的数据集。赖玉霞等[44]提出了根据数据的自然分布来选取初始聚类中心，找出对象中分布比较密集的区域，这正是聚类的目的，从而避免了随机选取聚类中心对聚类结果带来的不稳定性，以及用质心代表一个簇所带来的"噪声"和孤立点数据对聚类结果的影响。黄敏等[45]基于高密度点分布的算法，解决了当高密度点分布不止一个时如何选取聚类中心的问题。找到密度参数最大者作为聚类中心，并将与聚类中心的距离小于样本平均

距离的点的密度参数从密度参数集合中删除。周爱武等[46]提出的算法改进措施建立在没有离群点的数据集上,先求次小距离的样本点的中心,然后求出此中心与一个聚类中心之间的距离,最后与样本点之间的平均距离进行比较。如果小于样本点之间的平均距离,则将此样本点加入初始化集合中,再求第三距离小的样本点,如果大于样本点之间的平均距离,则将此样本点存入二维数据样本点中心。直到二维数据样本点中心中样本点的个数等于 k,则初始聚类中心全部找到。周炜奔等[47]提出了基于密度、中心点的初始化中心算法,首先算出样本数据集中每个样本密度,得到一个以密度为标准的样本集合,然后在标准样本集合的基础上进行初始聚类中心的选取和簇的划分。每划分出一个簇,就从标准样本集合中删除该簇所包括的数据点。郑丹等[48]提出了基于 K-means 聚类算法对初始聚类中心敏感这一特点进行改进的算法。K-means 聚类算法中,数据对象间的相似性是根据欧氏距离衡量的,距离越小则说明越相似。用 DK 分析图对 k-dist 图进行分析,找出对应密度水平的平缓曲线。在不同的密度水平上分别选择一个 k-dist 值最小即密度相对最大的点作为初始聚类中心。根据上述原理,在样本总数为 k 的数据集中找出 q 个密度相对于其他点最大的点作为初始聚类中心。

相比于确定 k 值,将优化算法应用于初始聚类中心的选择更加合适。目前相关学者已经提出了许多比较成熟的算法。

2.3.3　轮廓系数法确定聚类数

K 均值算法是一种有效的聚类方法,被广泛应用于各种聚类问题。然而 K 均值聚类的前提是需要给定聚类类别数 k,若故障未知,则故障类别数一般也未知。因此,这里引入轮廓系数确定最佳聚类。轮廓系数是评价聚类效果好坏的参数,计算公式如下:

$$s(x_j) = \frac{b(x_j) - a(x_j)}{\max\{a(x_j), b(x_j)\}} \tag{2-6}$$

$$\overline{s} = \frac{\sum_{j=1}^{n} s(x_j)}{n} \tag{2-7}$$

其中,$s(x_j)$ 表示样本 x_j 的轮廓系数,$\overline{s}$ 表示平均轮廓系数,$a(x_j)$ 表示样本 x_j 与簇内其他样本之间的平均距离,$b(x_j)$ 表示样本 x_j 与其他簇所有样本之间的平均距离的最小值。$a(x_j)$ 的计算公式如下:

$$a(x_j) = \frac{1}{n-1} \sum_{j \neq k}^{n} d(x_j, x_k) \tag{2-8}$$

其中,x_k 表示与样本 x_j 在同一个类内的其他样本点,$d(x_j, x_k)$ 表示 x_j 与 x_k 的距离。本章采用欧氏距离,所以 $a(x_j)$ 越小,说明该类越紧密。

$b(x_j)$ 的计算方式与 $a(x_j)$ 类似,只不过需要遍历其他簇,得到多个值:$b_1(x_j)$,

$b_2(x_j),\cdots,b_m(x_j)$,从中选择最小值作为最终结果。

聚类结果的轮廓系数的取值在$[-1,1]$之间,值越大,说明同类样本相距越近,不同类样本相距越远,则聚类效果越好。所以,可以采用枚举法获得最佳聚类数。

2.4 曳引机试验
* * * * * * * * * * * * * * *

本实验采用的平台如图 2-1 所示,实验平台由被测曳引机、负载及振动传感器组成。通过加速寿命实验获取曳引机的全寿命振动数据,直至曳引机因故障停机。为了降低振动信号中噪声的影响,将曳引机的全寿命数据通过快速傅里叶变换成频域信号,再利用 t 分布随机近邻嵌入(t-SNE)技术进行降维处理(图 2-2)。降维后的数据利用 K-means 算法和轮廓系数(图 2-3)确定曳引机的全寿命状态,可以分成 5 个状态。

图 2-1 曳引机实验平台

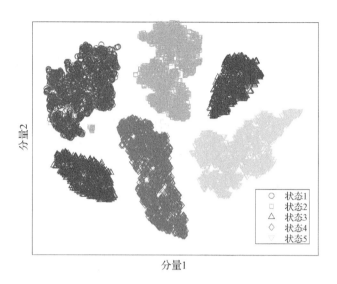

图 2-2　曳引机全寿命数据聚类结果

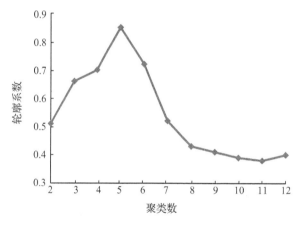

图 2-3　不同聚类数的轮廓系数

2.5　本章小结

* * * * * * * * * * * * * *

　　K-means 聚类算法以其简单的算法思想、较快的聚类速度和良好的聚类效果得到了广泛的应用,是一种非常优秀的算法。本章利用轮廓系数,为聚类数的快速确定提供了解决方案,曳引机的全寿命数据实验验证了方法的有效性。

第3章

自适应故障识别

3.1　引　言

* * * * * * * * * * * * * * *

　　数据驱动方法不需要探究故障机理和建立复杂的数学模型,近年来被广泛应用于旋转设备的故障诊断中。甚至在多工况条件下,数据驱动方法依然能获得非常好的预测效果。

　　特征提取是从原始信号中提取与故障类别高度相关信息的过程,直接关系数据驱动方法的识别精度。振动信号是机械设备故障诊断中应用最广的原始数据,在常规的时频域特征提取的基础上,很多研究提出了新的特征提取或特征增强方法。文献[49]针对采用叶尖定时(BTT)方法测量旋转多叶片系统的振动信号具有欠采样缺点,提出了马氏距离统计指标,并将其用于旋转多叶片系统的裂纹故障诊断。深度学习是当下最流行的机器学习算法,是一种基于对数据进行表征学习的方法,作为一种数据驱动方法,具有较好的预测和识别效果,在故障诊断领域被广泛研究和应用。文献[50]提出了一种基于卷积神经网络(CNN)和长短期记忆网络(LSTM)相结合的故障诊断方法,利用CNN进行特征学习,使用LSTM层捕获时间延迟信息。残差网络(Resnet)具备良好的减弱过拟合能力,可应用于不同的工作负荷故障诊断,取得了较好的效果[51]。文献[52]提出了一种基于CNN的故障诊断方法,将不同故障状态下的输出信号直接输入CNN中进行故障特征提取和故障分类。文献[53]提出了一种基于图卷积网络(GCN)的变压器故障诊断方法。文献[54]设计了一种一维视觉卷积网络(VCN),与传统的CNN、首层宽卷积深度神经网络(WDCNN)和基于多尺度核的残差卷积网络(MK-ResCNN)相比,该网络具有更好的、稳定的滚动轴承故障分类训练过程,提高了识别精度。

　　深度学习与人工指定特征方法相比,不仅能够学习数据中的隐藏特征,而且能刻画数据丰富的内在信息。但是在多工况、数据分布类型不一致的场景下,常规的深度学习算法的普适性不足,预测结果受工况影响大。而且,深度学习一般需要大量的带标签的训练数据,限制了深度学习的应用范围。为此,很多自适应深度学习方法被提出并被应用于故障诊断。文献[55]提出了一种非线性自适应字典学习算法,在不使用传统计算量大的字典更新算法的情况下实现对轴承元素的早期故障检测。文献[56]引入域自适应,将源域训练的回归模型或分类器用于不同但相关的目标域,提出了一种基于稀疏滤波的区域自适应方法,用于机械故障诊断。文献[57]提出了一种用于滚动轴承故障诊断的深度对抗域自适应(DADA)模型,该模型构建了一个对抗性自适应网络,解决了实际应用中常见的源域和目标域分布不一致的问题。

为了适应不同工况条件下的设备故障诊断,很多研究也在尝试将一些不变特征或网络结构迁移到新的环境中。文献[58]开发了一种新的深度学习框架,利用迁移学习来实现和加速深度神经网络的训练,以实现高精度的机器故障诊断。为了提高预测精度,集成多种方法的综合识别法也出现在一些研究中。文献[59]提出了一种基于故障传播强度的动态故障诊断方法,采用综合故障机理分析、有向图理论和解释结构模型构建故障传播层次模型,直观地描述复杂的故障因果关系。文献[60]应用机器学习技术来识别工作模式和相应的遥测参数,利用支持向量机回归分析卫星性能,应用故障诊断方法确定该卫星故障最可能的原因。采用 K-均值聚类算法,结合 t-SNE 函数对遥测数据进行聚类降维,使用数据逻辑分析(LAD)对数据进行分类,以便为每个故障类别生成正模式,用于确定每个遥测参数的故障原因。文献[61]将叠加集成策略应用于故障诊断,采用多层感知器、k 近邻、决策树和支持向量机作为成分学习器,采用随机森林算法作为组合策略,建立了叠加诊断模型。文献[62]提出了一种基于改进甲虫群天线搜索(BSAS)算法的改进粒子滤波(PF)方法,并在双馈感应发电机(DFIG)故障诊断中进行了验证。

在实际工程中,带标签的原始数据往往较难获取,针对这样的小样本甚至零样本故障诊断问题,很多学者也进行了探究。文献[63]针对训练域和测试域均为小样本情况下的故障诊断问题,提出了一种基于样本对相似性的样本分类方法。文献[64]将零机会学习的思想引入工业领域,提出了基于故障描述的属性转移方法来解决零样本故障诊断任务。

以上研究中提出的各种方法都具有一定的针对性,如果测试数据中出现训练数据中没有的故障类型,也就是出现新的故障类别,那么以上各种方法基本都会将其识别为训练数据中与其最接近的一种故障,这种误判可能会导致非常严重的后果。在工程中,要获取一种机器所有故障类型的原始数据也是非常困难的。本章基于这种情况,提出一种自适应故障识别方法,能够自动判断当前故障是否属于已知的故障类型。如果是已知故障,则进一步判断具体的故障类型;如果是新故障,则进一步分析新故障的种类。

3.2 自适应识别方法
* * * * * * * * * * * * * * * * * *

3.2.1 问题描述

本章主要解决目标域中包含多种未带标记的新故障的识别问题,在源域中没有这些新故障的样本数据。假设 $S=\{x_i^S,y_i^S\}_{i=1}^{n_S}$ 表示源域数据集,其中 n_S 表示源域样本总量,x_i^S 表示源域数据,y_i^S 表示相应的标签。$T=\{x_j^T\}_{j=1}^{n_T}$ 表示目标域数据集,其中 n_T 表示目标域样本总量,x_j^T 表示目标域数据。目标域中包含未知的故障类型,也就是说目标域数据集由两部分组成,即 $T=\{T_k,T_n\}$,其中 $T_k=\{x_{jk}^T\}_{jk=1}^{n_{Tk}}$ 表示目标域中已知故障类型数据集,$T_n=\{x_{jn}^T\}_{jn=1}^{n_{Tn}}$ 表示目标域中新故障数据集,$n_{Tk}+n_{Tn}=n_T$。需要说明的是目标域数据集都没有标签。首先需要建立识别网络,利用源域数据训练,然后再利用训练好的网络识别目标域数据,具体包括目标域数据集故障类型是否为已知故障:如果是已知故障,那么识别具体故障类型;如果是新故障,那么进一步识别新故障类型。问题研究的总体框架如图 3-1 所示。

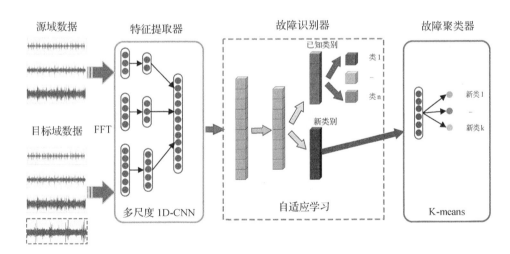

图 3-1 问题研究框架

3.2.2 自适应学习识别网络

如图 3-1 所示,本章提出的网络框架包括特征提取器、故障识别器、故障聚类器,其中故障识别器和故障聚类器属于辨别器。

3.2.2.1 特征提取器

特征提取器主要由多尺度一维卷积构成,主要目的是从不同尺度提取原始数据特征,避免单一尺度造成特征遗失问题,从而提高已知故障与新故障的区分度以及不同类别的已知故障的区分度,具体结构如图 3-2 所示。为了提高识别精度,原始信号经过了快速傅里叶变换,将振动信号由时域转换成频域信号。

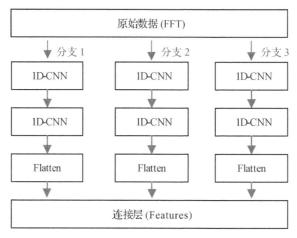

图 3-2 特征提取器网络结构

3.2.2.2 辨别器与生成器

辨别器是关键,它的主要作用是辨别数据是否属于已知故障,如果属于已知故障,还要能辨别出具体的故障类型。辨别器的训练过程如图 3-3 所示。为提高辨别器的性能,这里借鉴自适应学习思想,设计了一个生成器,让其和辨别器进行对抗训练,进而提高辨别器的分辨能力。

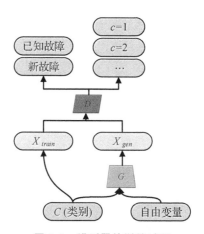

图 3-3 辨别器的训练过程

辨别器由两个全连接层组成,第一个全连接层采用 sigmoid 作为激活函数,主要用来辨别输入数据是否属于已知故障类型;第二个全连接层采用 softmax 激活函数,主要用来识别具体故障。

生成器的结构如图 3-4 所示,由全连接层、BiLSTM 层构成,主要用来训练辨别器。需要说明的是在本研究中,最终目标是训练分辨能力较好的辨别器,生成器仅起到辅助作用。

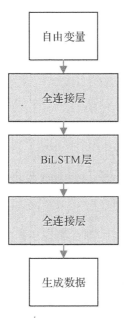

图 3-4　生成器结构

为了提高生成器的性能,使用 ReLU 激活函数,防止过拟合,加入 Dropout。

上述模型拟实现两个目标:一是辨别测试数据是否属于已知故障,二是如果辨别为已知故障,那么进一步辨别其故障类型,否则判定为新故障。参考[37],对于单标签,采用 softmax＋交叉熵的损失函数有如下形式:

$$Loss = -\log\frac{e^K}{\sum\limits_{i=1}^{n} e^{N_i}} = -\log\frac{1}{\sum\limits_{i=1}^{n} e^{N_i-K}} = \log\sum\limits_{i=1}^{n} e^{N_i-K}$$

$$= \log\left(1 + \sum\limits_{i=1}^{n} e^{N_i-K}\right) \tag{3-1}$$

其中,K 表示已知故障类型,N_i 表示新故障类型。

最小化 $Loss$ 本质上就是最大最小化,如下式所示:

$$\log\left(1 + \sum\limits_{i=1}^{n} e^{N_i-K}\right) \approx \max\begin{bmatrix} 0 \\ N_1-K \\ \vdots \\ N_n-K \end{bmatrix} \tag{3-2}$$

也就是说,已知类别 K 与其他未知类别 N_i 的最大值要尽可能小于 0。换句话说,所有未知类别的得分要小于已知类别的得分。

对于多个已知类别的情况，可以类比式(3-1)，给出损失函数：

$$Loss = \log\left(1 + \sum_{i\in\Omega_{new},j\in\Omega_{known}} e^{N_i-K_j}\right)$$

$$= \log\left(1 + \sum_{i\in\Omega_{new}} e^{N_i} \sum_{j\in\Omega_{known}} e^{-K_j}\right) \tag{3-3}$$

为了便于区分新的故障类别，引入参照类别 R，希望已知故障类别的得分都大于参照类别 R 的得分（$K_j>R$），而新的故障类别得分都小于参照类别 R 的得分（$N_i<R$），当然 $N_i<K_j$，所以有下式：

$$Loss = \log\left(1 + \sum_{i\in\Omega_{new},j\in\Omega_{known}} e^{N_i-K_j} + \sum_{i\in\Omega_{new}} e^{N_i-R} + \sum_{j\in\Omega_{known}} e^{R-K_j}\right)$$

$$= \log\left(e^R + \sum_{i\in\Omega_{new}} e^{N_i}\right) + \log\left(e^{-R} + \sum_{j\in\Omega_{known}} e^{-K_j}\right) \tag{3-4}$$

如果设置参照类别的得分为 0，则 $Loss$ 最终简化为

$$Loss = \log\left(1 + \sum_{i\in\Omega_{new}} e^{N_i}\right) + \log\left(1 + \sum_{j\in\Omega_{known}} e^{-K_j}\right) \tag{3-5}$$

如果用 sigmoid 函数将得分激活，那么模型预测的已知故障类别的概率将大于0.5，新故障类别的概率小于0.5。

在训练过程中，为了训练辨别器分辨源域数据的故障类别，采用标准的交叉熵损失，具体公式如下：

$$L_S(x_i^S, y_i^S) = -\log[p(y=y_i^S|x_i^S)] \tag{3-6}$$

其中

$$p(y=y_h^S \mid x_h^S) = \begin{bmatrix} p(y=1\mid x_{hj}^S) \\ p(y=2\mid x_{hj}^S) \\ \vdots \\ p(y=L\mid x_{hj}^S) \end{bmatrix} = \frac{1}{\sum\limits_{n=1}^{L} e^{x_n^S}} \begin{bmatrix} e^{x_1^S} \\ e^{x_2^S} \\ \vdots \\ e^{x_L^S} \end{bmatrix} \tag{3-7}$$

其中，$p(y=L|x_{hj}^S)$ 表示样本 x_{hj}^S 归属于第 L 类故障的概率，$e^{x_n^S}$ 为标准化项，L 代表故障类别总数。

3.2.3 未知故障聚类

K-means 算法是一种有效的聚类方法，被广泛应用于各种聚类问题。然而 K-means 聚类有个前提就是需要给定聚类类别数 k，而对于未知故障的来讲，故障类别数一般也未知。因此，引入轮廓系数参数确定最佳聚类。轮廓系数是聚类效果好坏的一种评价参数，轮廓系数的计算公式如下：

$$s(x_{jn}^T) = \frac{b(x_{jn}^T) - a(x_{jn}^T)}{\max\{a(x_{jn}^T), b(x_{jn}^T)\}} \tag{3-8}$$

$$\overline{s} = \frac{\sum\limits_{j=1}^{n_{Tn}} s(x_{jn}^{T})}{n_{Tn}} \tag{3-9}$$

其中,$s(x_{jn}^{T})$表示样本 x_{jn}^{T} 的轮廓系数,$\overline{s}$ 表示平均轮廓系数,$a(x_{jn}^{T})$ 表示样本 x_{jn}^{T} 与簇内其他样本之间的平均距离,$b(x_{jn}^{T})$ 表示样本 x_{jn}^{T} 与其他簇所有样本之间的平均距离。聚类结果的轮廓系数的取值在 $[-1,1]$ 之间,值越大,说明同类样本相距越近,不同样本相距越远,则聚类效果越好。所以,可以采用枚举法获得最佳聚类数,本章 k 值的取值范围为 $[2,10]$。

3.3　实验验证

＊＊＊＊＊＊＊＊＊＊＊＊＊＊

本实验采用的曳引机实验平台如图 2-1 所示,实验平台由被测曳引机、负载及振动传感器组成。曳引机的所有故障采用预置方式,即先设定好一种故障,采集对应的振动传感器数据,然后更换一种故障,再次采集数据,依次完成所有故障数据的采集。该平台共可以预置 10 种故障模式(表 3-1),包括正常、匝间短路(包括 2 匝短路、4 匝短路和 8 匝短路)、气隙偏心、转子断条、轴承座破损、轴承外圈破损、轴承内圈破损、轴承滚珠破损等故障类型。根据负载大小不同,分成 3 种工况,具体见表 3-2。

表 3-1　曳引机预置故障

序号	故障	序号	故障
1	正常	6	转子断条
2	匝间短路(2 匝)	7	轴承座破损
3	匝间短路(4 匝)	8	轴承外圈破损
4	匝间短路(8 匝)	9	轴承内圈破损
5	气隙偏心	10	轴承滚珠破损

表 3-2　曳引机实验工况

工况	负载/HP	转速/(r/min)
A	1	168
B	2	168
C	3	168

曳引机实验结果（表3-3）表明本章提出的自适应故障识别方法在多种新故障的场合依然能保持较好的识别效果。

表 3-3   曳引机实验任务

任务	源域	目标域	源域故障类别	目标域故障类别	识别率/%
1	A	BC	1 2 3 4 5	1 2 3 4 5 6 7 8 9 10	99.56
2	B	AC	1 2 3 4 5	1 2 3 4 5 6 7 8 9 10	98.35
3	C	AB	1 2 3 4 5	1 2 3 4 5 6 7 8 9 10	97.38

如图 3-5 所示，$F_1 \sim F_5$ 代表源域故障类别，N1～N5 代表新故障类别。本章所提方法不仅可以识别出新的故障类别，对已知类别的故障也能以较高精度识别出来。如图 3-6 所示，最佳聚类数为 5，另外，也可以看出所提轮廓系数随分类数的变化非常敏感，便于确定最佳聚类数。

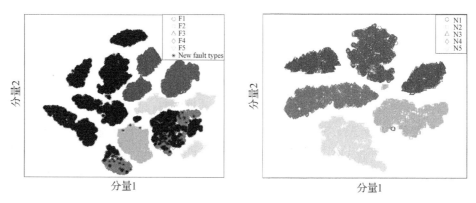

图 3-5   曳引机故障特征提取结果

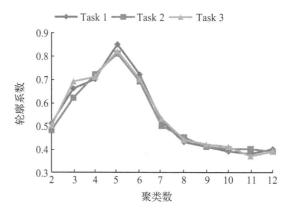

图 3-6   不同类别数对应的轮廓系数

3.4 本章小结

＊＊＊＊＊＊＊＊＊＊＊＊＊＊＊

针对故障诊断时可能存在未知故障的实际情况,本章提出了一种多工况自适应故障识别方法。该方法可以辨别测试设备故障是否属于已知故障,并识别故障类别,对于未知故障,可以将多个未知故障进行聚类。曳引机实验结果说明本章提出的故障识别方法可以克服已有的故障诊断方法无法辨别未知故障的问题,并且具有较高的识别精度。

第4章

零样本学习的电梯故障诊断

4.1 引　言

＊＊＊＊＊＊＊＊＊＊＊＊＊＊＊

近年来,机器学习方法特别是数据驱动方法获得了较快的发展,并被广泛应用于故障诊断领域。在不明故障机理、缺少机理模型的条件下,数据驱动方法可以获得非常好的故障预测效果。因此,基于数据驱动的故障诊断方法已成为当前的主流方法,但数据驱动方法需要依赖大量的训练样本,在小样本甚至零训练样本的情况下,数据驱动方法难以发挥作用。在实际工程中,故障样本采集难度大、投入高,往往很难获得有价值的训练样本,零样本的情形是比较常见的。因此,零训练样本的故障识别方法在解决实际的故障诊断问题中具有重要意义。

零样本学习(Zero-Shot Learning)的识别方法,一开始被用于图像识别领域。兰佩特(Lampert)等[65]提出了一种零样本动物识别方法,利用"颜色"和"形状",通过属性训练来预测测试动物图片的分类。文献[66]提出了一个由语义相似度监督的自动编码器模型,用于零样本学习。文献[67]提出了一种基于多任务混合属性关系和属性特征的零样本分类方法,考虑属性-属性和属性-特征之间的映射关系,构造了二阶属性关系和属性特定特征学习模型,完成零样本分类。对于图卷积网络的多标签零样本学习模型,利用语义相似度和标签共现构造标签关系图,来解决训练阶段没有标签的问题。零样本学习并非不需要任何训练样本,而是利用相似的样本进行训练,通过属性、语义等实现有用信息的迁移,从而实现没有同类训练样本的情况下的分类识别[68]。

零样本故障诊断理论和方法在故障诊断方面也有一些应用。文献[69]提出了一种基于压缩堆叠式自动编码器的零样本学习方法,利用已知工作载荷的数据进行训练,可以在没有先验数据的情况下对未知但相关的工作载荷进行故障诊断。文献[70]提出了一种生成式学习方法来解决未知故障的诊断问题,通过建立属性空间引入辅助信息,生成接近于真实数据的样本用于故障识别。电梯的可靠性往往关系生命安全问题,设备的健康监测和故障识别具有重要意义。但电梯是大型系统设备,其故障诊断面临故障数据的获取难度大、故障原因和属性不易分析、故障样本少甚至没有故障样本等问题。为此,本章针对零训练样本电梯,首先,提出了一种故障属性量化表示法,基于生成对抗思想建立了故障数据的生成网络;其次,为了增强生成数据的仿真能力,提出了由故障属性和深度特征混合生成仿真样本的策略;最后,利用 K 邻近(KNN)算法识别出电梯设备的新故障类型。

4.2　自适应生成网络

4.2.1　问题描述

本章主要解决目标域中多种新故障识别问题,在源域中没有这些新故障的样本数据。如图 4-1 所示,假设 $S = \{x_i^S, y_i^S\}_{i=1}^{n_S}$ 表示源域数据集,其中 n_S 表示源域样本总量,x_i^S 表示源域数据,y_i^S 表示相应的标签。$T = \{x_j^T\}_{j=1}^{n_T}$ 表示目标域数据集,其中 n_T 表示目标域样本总量,x_j^T 表示目标域数据。目标域数据的标签未知,且故障类别与源域均不同。假设设备所有故障的属性集为 $A = \{a_k\}_{k=1}^{L}$,其中 a_k 为 0 或 1,属性集 A 矩阵每一列代表一种属性,0 表示不具有该属性,1 表示具有该种属性。L 表示设备故障的种类数。故障属性集一般由专家根据经验确定。

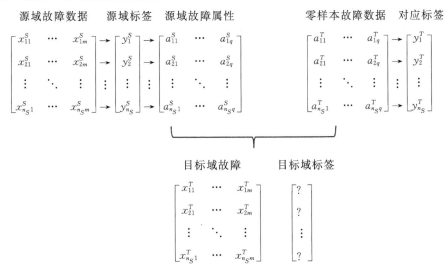

图 4-1　问题描述

4.2.2 自适应生成识别网络

根据问题描述,因为没有与源域故障类别相同的训练样本,传统的诊断方法不适用于没有标签的目标域,所以很多研究试图综合源域和目标域的故障数据提取出能够反映目标域故障类别的特征,但在目标域故障和源域故障区别较大的情况下,往往会导致一些特征不能被准确提取,信息缺失会使最终的故障识别效果不佳。本章来解决上述问题根据故障的属性和故障特征生成相应的故障数据用于模型训练,这就需要一个能够模拟真实故障数据的生成器。为此,本章借鉴生成对抗思想来训练期望的生成器,自适应生成识别流程包括生成器训练过程和目标域数据识别过程,如图4-2所示。

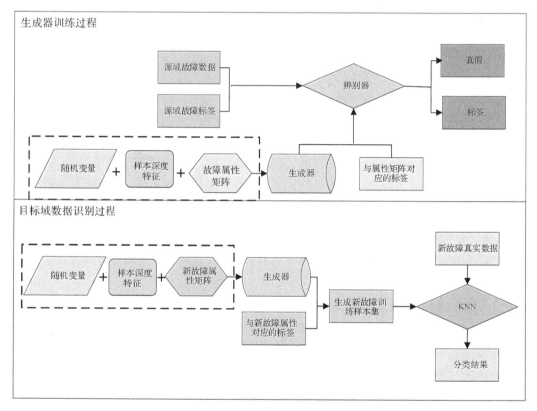

图4-2 自适应生成识别流程

网络的输入由随机变量、样本深度特征及故障属性矩阵三部分组成。随机变量是随机生成的0~1之间的100维数据,样本深度特征是利用特征提取器提取得到的20维深度特征,故障属性矩阵是根据经验以及故障表现总结的由0或1组成的数组。

4.2.3 生成器与辨别器

为了获得能够模拟真实故障数据的生成器,需配一个能够分辨真假和故障类别的辨别器,本章搭建的生成器和辨别器的网络结构分别如表 4-1 和表 4-2 所示。为了使生成器生成的故障数据包含给定的属性信息及故障特征,以随机变量(100 维)、故障的属性向量(20 维)和相近样本特征向量(20 维)的组合作为生成器的输入,输入向量的规格为 $1×140$。生成器的输出为模拟的故障数据,其维度需要与真实故障数据向量规格保持一致。

辨别器的输入是真实故障数据以及生成器生成的模拟数据。辨别器的输出包括两个部分:一是识别真假数据的结果,0 表示假数据,1 表示真数据;二是识别故障类别的结果,本章实验的故障类别标签采用 One-Hot 编码,共 15 种故障类型,所以故障标签的识别输出的是 15 个隶属概率。

表 4-1　生成器网络结构

序号	层名	数据规格	
		输入	输出
输入层	Input layer	$1×140$	$1×512$
1	Fully connected layer	$1×512$	$1×512$
2	LeakyReLU	$1×512$	$1×512$
3	BatchNormalization	$1×512$	$1×512$
4	Fully connected layer	$1×512$	$1×256$
5	LeakyReLU	$1×256$	$1×256$
6	BatchNormalization	$1×256$	$1×256$
7	Fully connected layer	$1×256$	$1×128$
8	LeakyReLU	$1×128$	$1×128$
9	BatchNormalization	$1×128$	$1×128$
输出层	Fully connected layer	$1×128$	$1×52$

表 4-2　辨别器网络结构

序号	层名	数据规格	
		输入	输出
输入层	Input layer	$1×52$	$1×52$
1	Fully connected layer	$1×52$	$1×512$
2	LeakyReLU	$1×512$	$1×512$
3	Fully connected layer	$1×512$	$1×512$
4	LeakyReLU	$1×512$	$1×512$
5	Dropout(0.3)	$1×512$	$1×512$
6	Fully connected layer	$1×512$	$1×512$

续表

序号	层名	数据规格	
		输入	输出
7	LeakyReLU	1×512	1×512
8	Dropout（0.3）	1×512	1×512
真假辨别输出层	Fully connected layer	1×512	1×1
标签辨别输出层	Fully connected layer	1×512	1×15

对于辨别器,我们期望其能实现两个目标:一是辨别出输入故障数据来自真实样本数据还是生成器生成的数据,即辨别数据的真伪;二是辨别故障数据所属的故障类别,即能够输出对应的标签。为此,本章采用两个损失函数,针对数据真伪采用二分类交叉熵损失函数,如式4-1;针对数据标签采用多分类交叉熵损失函数,如式(4-2)。

$$L_{S1}=-[y\cdot\log(\hat{y})+(1-y)\cdot\log(1-\hat{y})] \tag{4-1}$$

其中,$\hat{y}$表示模型预测输入数据是真实样本的概率,y表示样本标签,真实样本的标签取值为1,否则取值为0。

$$L_{S2}=-\log[p(y=y_i|x_i)] \tag{4-2}$$

其中

$$p(y=y_h|x_h)=\begin{bmatrix}p(y=1|x_{hj})\\p(y=2|x_{hj})\\\vdots\\p(y=L|x_{hj})\end{bmatrix}=\frac{1}{\sum\limits_{n=1}^{L}e^{x_n}}\begin{bmatrix}e^{x_1}\\e^{x_2}\\\vdots\\e^{x_L}\end{bmatrix} \tag{4-3}$$

其中,$p(y=L|x_{hj})$表示样本x_{hj}归属于第L类故障的概率,e^{x_n}为标准化项,L代表故障类别总数。

由于辨别器有两个输出,对应不同的损失函数,需要设置两个损失的权重,考虑到最终的目标是识别故障类别,因此设定L_{S1}和L_{S2}两个损失的权重分别为0.3和0.7。需要说明的是,本章没有对模型的相关参数的优化进行深入研究,仅仅采用枚举法经过多次测试选择效果相对较好的参数。

4.2.4　故障特征提取

单纯依靠经验描述的故障属性很难全面涵盖故障的有效信息,尤其是一些隐性特征不易被发掘,因此本章设计了一个深度特征提取器,用于提取故障样本的特征。深度特征提取器的结构见表4-3。

表4-3　深度特征提取器网络结构

序号	层名	数据规格	
		输入	输出
输入层	Input layer	1×52	1×52
1	Fully connected layer	1×52	1×512
2	LeakyReLU	1×512	1×512
3	BatchNormalization	1×512	1×512
4	Fully connected layer	1×512	1×256
5	LeakyReLU	1×256	1×256
6	BatchNormalization	1×256	1×256
7	Fully connected layer	1×256	1×128
8	LeakyReLU	1×128	1×128
9	BatchNormalization	1×128	1×128
输出层	Fully connected layer	1×128	1×20

利用上述特征提取器,输入训练数据集的故障样本和标签进行训练,并用训练好的特征提取器,提取训练数据集的特征。

4.2.5　故障识别

由于目标域样本没有标签,仅已知故障属性,对于生成网络而言,信息有限。本章提出加入训练或测试样本的特征来补充网络输入的信息。为了增强生成网络的泛化能力,在训练过程中,训练样本的输入顺序是随机的。

训练阶段的具体操作步骤如下。

步骤1:利用表4-3建立的深度特征提取器提取源域中每个样本的20个深度特征作为该样本的特征。

步骤2:合成生成器的输入数据。生成器的输入数据由三个向量组合而成,一是随机变量(100维),二是要生成故障类别的属性特征(20维),三是训练样本的深度特征(20维),所以生成器的输入数据是140维的。

步骤3:训练生成器和辨别器。将步骤2中合成数据输入生成器生成模拟数据(52维),将生成模拟数据附带标签以及源域数据(52维)附带标签输入辨别器。首先将生成器生成的数据附上"假"标签0,源域数据附上"真"标签1,以此来训练辨别器的辨别能力;然后将生成器生成数据附上"真"标签1,并将辨别器设置为不可训练,以此来训练生成器的生成能力,如此重复执行,让生成器和辨别器在对抗中提升各自的能力。

测试阶段的具体操作步骤如下。

步骤1:利用特征提取器提取测试样本的特征(20维)。

步骤 2：合成生成器输入数据。同训练阶段步骤 2，将 100 维随机变量、20 维属性特征数据以及步骤 1 提取的 20 维深度特征数据合并，输入训练好的生成器，生成新故障类型数据。需要指出的是，由于不知道测试样本的故障类型，可将所有故障类型的属性分别加入合成数据生成不同类别的故障数据，具体如图 4-3 所示。

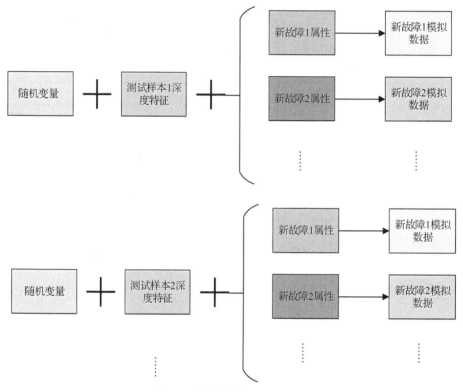

图 4-3　仿真故障数据的生成

步骤 3：测试样本故障模式识别。针对任意一个测试样本，利用欧氏距离计算训练样本与生成样本的相似程度，计算公式如式（4-4），并按照距离从小到大给源域样本排序，然后基于 KNN 思想，取排序结果中前 k 个源域样本所属故障分类样本最多的故障分类作为该测试样本的故障分类。

$$d(x_i, x_k) = \sqrt{\sum_{k=1}^{n}(x_i - x_k)^2} \tag{4-4}$$

4.3　电梯模拟实验与分析

＊＊＊＊＊＊＊＊＊＊＊＊＊＊＊＊＊＊＊＊＊

4.3.1　电梯模拟实验简介

本章利用电梯故障模拟器模拟电梯的相关故障。电梯故障采用预设模式,利用指定参数的阶跃函数、威布尔分布、正态分布、指数分布等随机产生监测变量。为了监测整个电梯系统的健康状态,设置了 41 个测量变量、11 个控制变量、15 个预设故障(表 4-4),其中故障 1－7 的监测变量为阶跃型,故障 8－14 的监测变量为随机型,故障 15 的监测变量为缓慢飘移型。

表 4-4　电梯故障描述

序号	故障表现	变量类型
1	有电源,但电梯不工作	阶跃型
2	关门后不能启动	阶跃型
3	不能自动关门	阶跃型
4	到站不开门	阶跃型
5	不能开门和关门	阶跃型
6	平层位置不停车	阶跃型
7	运行到指定楼层不换速	阶跃型
8	平层误差过大	随机型
9	运行时轿厢内有异常噪声和振动	随机型
10	启动困难或运行速度明显降低	随机型
11	开关门时有卡阻现象	随机型
12	开门时门扇振动大	随机型
13	机房噪声大	随机型
14	导向轮异常发热	随机型
15	轿厢运行抖动	缓慢漂移型

4.3.2　实验设置

每种故障模式含有 480 个样本数据,本章共进行了 5 组实验,见表 4-5。每组实验按照 8∶2 比例划分源域和目标源样本量,即选取 12 种故障模式的样本数据作为训练集,剩余 3 种故障模式的样本数据作为测试集,所以训练集的样本总数为 5 760(12×480),测试集的样本总数为 1 440(3×480)。

表 4-5 实验分组

任务	源域(故障类别)	目标域(故障类别)
A	2,3,4,7—13,15	1,6,14
B	1,2,3,5,6,8,9,11—15	4,7,10
C	1—7,9,10,13,14,15	8,11,12
D	1,4,6—15	2,3,5
E	1—8,10,11,12,14	9,13,15

从表 4-5 可以看出,每组实验的源域故障类别均不包含目标域的故障类别,目标域的故障类别没有相应的训练数据,目标域的故障识别问题则属于零训练样本识别问题。根据前文所述的方法,须已知所有故障类别的属性,才能利用建立的网络进行学习和生成模拟样本。根据表 4-4 的故障表现,本章总结出 20 个属性,具体见表 4-6。

表 4-6 属性描述

序号	属性	序号	属性
1	与安全回路有关	11	与滚轮或异物有关
2	与门锁回路有关	12	与异物或门导轨有关
3	与行程开关有关	13	与抱闸或连接有关
4	与开门继电器或行程开关有关	14	与限位开关有关
5	与门机控制或皮带有关	15	与保险丝有关
6	与感应器有关	16	与变形有关
7	与感应器或控制回路有关	17	隔音设施不全
8	与制动器或超载有关	18	与门系统有关
9	与导轨或导靴有关	19	与摩擦有关
10	与制动器或电压过低有关	20	与钢丝绳有关

为了方便机器学习,用 1 表示具备某个属性,0 表示不具备该属性,综合表 4-4 以及表 4-6,可得图 4-4 所示的故障属性矩阵,显然各类故障的属性向量各不相同。

	属性1	属性2	属性3	属性4	属性5	属性6	属性7	属性8	属性9	属性10	属性11	属性12	属性13	属性14	属性15	属性16	属性17	属性18	属性19	属性20
故障1	1	1	1	0	1	0	0	1	1	0	0	0	0	1	0	0	0	0	0	0
故障2	1	1	0	1	1	0	0	1	1	0	0	0	0	1	0	0	0	0	0	0
故障3	0	0	0	0	0	1	1	1	0	1	0	0	0	0	0	0	0	0	0	0
故障4	0	0	0	0	0	0	0	1	0	0	1	1	1	0	0	0	0	1	0	0
故障5	0	0	0	0	0	0	0	1	0	0	1	1	0	0	0	0	1	0	0	0
故障6	1	0	1	0	0	0	0	1	1	0	0	0	1	0	0	0	0	0	0	0
故障7	0	0	0	1	0	1	0	0	0	0	0	0	0	0	0	0	0	0	0	0
故障8	1	1	1	1	1	0	1	0	1	0	0	0	0	0	0	0	0	0	0	0
故障9	0	0	0	0	0	0	0	0	0	1	0	0	0	1	0	0	0	0	0	0
故障10	0	1	0	0	1	0	0	0	0	0	1	0	0	1	0	0	0	0	0	0
故障11	0	0	0	0	0	0	0	0	1	0	1	0	1	0	0	1	0	0	0	0
故障12	0	0	0	0	0	0	0	0	0	1	1	0	1	0	1	0	0	0	0	0
故障13	0	0	0	0	0	0	0	0	0	0	0	0	0	1	1	0	0	0	0	0
故障14	0	0	0	0	0	0	0	0	1	0	0	0	0	0	0	0	1	1	1	1
故障15	0	0	0	0	0	0	0	0	0	0	0	1	0	0	0	0	1	1	1	1

图 4-4　故障属性矩阵

4.3.3　实验结果

为了测试本章所提出方法的预测效果,对比有关文献中提出的零样本学习方法:
DAP、IAP、SJE 及 ESZSL(关于上述四种方法的详细介绍可以参考相关文献,本章不再
赘述)。根据 3.2 表 4-5 中的实验分组,利用不同的方法识别故障的正确率见表 4-7。为
了避免算法出现偶然性,表 4-7 中的结果为重复 20 次实验的结果的平均值,其中正确率
的最小值大于 33.33%,说明所提出的方法是有效的,全部好于随机认定的结果。对比
表 4-7 中的识别结果,可以看出本章提出的方法在解决零训练样本故障诊断问题上具有
明显的优势。不同实验任务下各类故障的识别结果如图 4-5 所示。

表 4-7　故障识别正确率　　　　　　　　　　　　　　　　　　　　　单位:%

方法	A	B	C	D	E	平均
DAP[47]	55.21	61.74	42.22	57.85	34.24	50.25
IAP[48]	56.94	61.32	45.97	38.75	48.89	50.37
SJE[49]	75.63	37.22	33.89	62.36	35.83	48.99
ESZSL[50]	58.75	34.24	40.14	39.24	35.63	41.60
本章方法	70.21	61.18	38.61	59.17	55.14	56.862

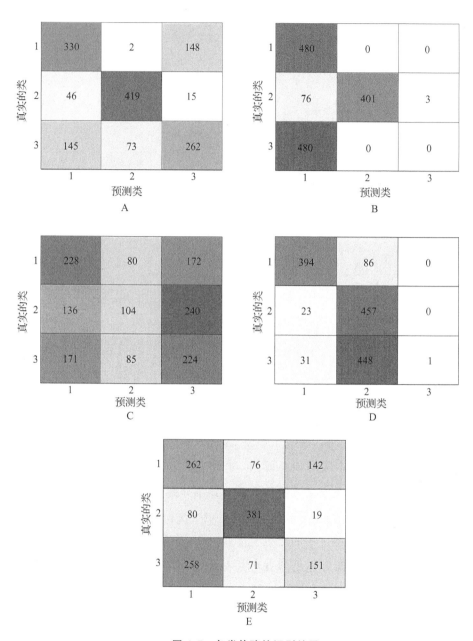

图 4-5 各类故障的识别结果

识别结果表明任务 A 的识别率最高,任务 C 的识别率最低。结合表 4-5 和图 4-4 可以看出,任务 A 的目标域故障 1、6、14 的属性在源域故障中都有对应的属性,迁移学习效果好。而任务 C 的目标域故障 8、11、12,除故障 8 的属性在源域中有对应属性外,故障 11 和 12 的属性接近,且源域中几乎没有与故障 11 和 12 属性接近的故障,这是导致识别率偏低的原因。这说明样本均衡性也会影响迁移学习的效果,相近样本量越多,迁移效果越好,反之,效果越差。

4.4　本章小结

* * * * * * * * * * * * * * * *

　　针对零样本条件下的电梯故障诊断问题,本章提出了一种自适应故障仿真样本生成方法。基于故障表征的语义描述,提出了一种方便机器学习的故障属性量化表示法,利用生成对抗思想建立了仿真故障数据的生成网络,为了增强生成数据的仿真能力,提出了由故障属性和深度特征结合生成仿真样本的策略,最后利用 KNN 算法识别出电梯的新故障类型。为了检验本章所提出方法的效果,采用电梯故障模拟器分 5 组实验进行测试。实验结果表明,本章提出的零样本学习方法在电梯的故障诊断中相比其他迁移学习方法具有更好的识别效果。当然,本章构建的生成网络在参数优化、样本量的均衡性对数据生成的影响以及故障属性的自动提取等方面的研究还有待深入,这些内容将是我们下一步研究中要重点解决的问题。

第5章
单分类自适应多工况电梯异常状态检测

5.1 引 言
* * * * * * * * * * * * * * *

基于数据驱动的故障诊断方法是设备健康管理方面研究的一个热点。常见的故障诊断方法需要提供足量的标定样本作为训练数据,将测试数据划分到训练数据故障类别中。事实上,真实的故障样本是很难获取的,毕竟生产设备发生故障后,第一要务是抓紧维修保证生产,能采集到的故障数据可能非常少,而且故障类别也非常有限。目前见到的大多数故障样本基本都出自实验室,很少来自实际生产设备。现实中,设备的正常状态数据往往比较容易采集,如果可以只利用正常样本就能判别出设备的异常状态,不失为故障诊断的一种折中方法,这在工业生产中具有重要的意义。

仅用正常状态数据进行故障诊断,这属于单分类问题,目的是要识别测试数据是否属于正常状态。所以典型的单分类方法已经被很多学者引入机电设备的单分类故障诊断研究中,例如单分类支持向量机[71]、孤立森林[72]、K 最近邻等[73]。振动信号是机电设备故障诊断中比较常用的信号数据,在进行故障诊断之前,往往要先进行信号特征的提取,常见的方法有深度神经网络[74]、自编码网络[75]、经验模态分解[76]、极限学习机[77]等。文献[71]利用可以实现异常检测的一类支持向量机(SVM)与卷积神经网络(CNN)算法,在变转速、变负载条件下对多个故障及其严重程度进行在线检测。文献[74]开发了卷积神经网络自编码器,用于从多个监测信号中提取高级特征,利用在线序列极限学习机(OS-ELM)来学习和检测异常数据。文献[76]提出了基于互补集成经验模态分解(CEEMD)和核支持向量机的诊断模型。文献[77]提出了基于单类极限学习机(OC-ELM)的单类分类算法。因为单类分类支持向量机具有泛化能力较好、拟合精度高、计算参数少、全局收敛以及不依赖先验信息等优点,在机电设备异常状态检测中使用的频率最高[78]。这些单分类方法非常依赖数据特征的提取,在变工况条件下,特征提取器的泛化能力对故障识别的准确率有直接影响。

利用重构思想进行异常状态检测也是比较常见的方法,其主要流程是搭建一个由编码器和解码器组成的神经网络,利用源域数据训练编码器和解码器,使得经过编码器提取的特征输入解码器能重构原来的数据。一旦测试数据经过编码器和解码器的重构后与原数据存在较大的重构误差,说明测试数据与训练数据属于不同的分布,因此可以根据重构误差的大小来辨别测试数据是否属于异常状态。文献[79]综合使用变分自编码器和深度神经网络组成分类器进行故障分类。文献[80]提出了使用马氏(Mahalanobis)平方距离检测切削工具异常状态的方法。这些重构方法可以自动提取数据的隐藏特征,但同样面临特征提取的泛化能力不足的问题,而且重构误差阈值的确定是一个难题。

一般地,在实际工业生产过程中,设备工况多变,如果只有一种工况甚至只有一台设备的正常状态数据,进行设备的异常状态诊断,对诊断方法的泛化能力要求高,泛化能力不足的方法很有可能导致误判。为此,本章提出一种双向生成对抗网络结构,除了利用带标签的正常状态数据作为训练数据外,还将不带标签的数据作为辅助训练数据,训练网络特征提取的强健性,采用两次对抗进一步增强特征提取器和辨别器的能力。

5.2　基本原理

* * * * * * * * * * * * * * *

5.2.1　研究背景

单分类(OCC)是多分类的一种特殊情况,训练数据来自 single positive class。OCC的目标是通过训练一个分类器,使其在推理过程中能够识别正向标签。对于多工况机电设备,由于不同工况条件下,数据的分布不尽相同,尤其是在只有一种工况的源域数据条件下,获取一个普适性的分类器是比较困难的。

利用生成对抗思想构建具有自适应能力的特征提取和分类网络是当前的热门方法。为了适应不同场景下的故障诊断问题,研究人员对生成对抗网络(GAN)进行了不同程度的改进。在很多研究中[70,71]提出了将生成式对抗网络与堆叠式自编码器相结合的故障诊断方法。Pan 等[81]用生成式对抗网络解决小样本故障诊断问题。Wen 等[82]提出了一种基于深度卷积神经网络的生成对抗学习方法,解决了跨域故障诊断问题。针对故障数据严重不平衡问题,Liu 等[83]提出了一种深度特征增强生成式对抗网络。在单分类故障诊断方面,Li 等[84]提出了融合卷积生成对抗性编码器(FCGAE)方法,仅利用正常数据创建故障检测模型。Jiao 等[85]针对训练域和测试域具有不同数据分布的机械故障诊断,提出了一种新的无监督智能诊断框架,即基于分类器差异的对抗式适应网络(AACD)。Pu 等[86]提出了一种双向生成对抗网络(Bi-GAN)和单分类支持向量机合成的异常检测方法,其中双向生成对抗网络用于提取特征,单分类支持向量机用于辨别异常数据。Zuo 等[87]提出了一种基于沃瑟斯坦距离对抗性信道压缩变分自编码器(WAC-CVAE)的跨域传输故障诊断模型。Pan 等[88]提出了一种卷积对抗性自编码器(AE),用于单分类的不可见机械故障识别。生成对抗方法具有较好的自适应能力,在只有一种工况的训练样本的条件下,生成对抗训练的结果也只能辨别与训练数据工况相同的异常状态,当面临工况不同的测试数据时,辨别率难以保证。

针对多工况单分类故障诊断问题,为了提高模型的泛化能力,本章对经典的双向生成对抗网络进行了改进,并提出了监督学习和自适应学习相结合的训练策略。首先,在生成器中加入特征提取器,代替了经典双向 GAN 用随机数表示数据特征的做法,从而使网络快速收敛,且生成器生成的数据更加逼近训练数据,也能增强特征提取器提取强健特征的能力;其次,增加一个辨别器,使网络拥有两个辨别器,利用两个辨别器对不带标签的测试数据或者辅助数据辨别结果的差异性进行二次对抗训练,进一步增强特征提取器和辨别器的能力;最后,以两个辨别器输出的得分的平均值来判定测试数据是否属于正常数据。具体策略将在后文详细介绍。

5.2.2 基于双向生成对抗网络的特征提取

GAN 是近年来比较热门的深度学习方法,由于其出色的生成能力,常被用于只有少量样本甚至无样本数据条件下的故障诊断。GAN 的强项是其生成能力,借助生成对抗思想,通过训练,增强生成器的生成能力和鉴别器的鉴别能力,在其中起到重要作用的无疑是经典的目标函数:

$$\min_G \max_D V(G,D) = E_{x \sim P_{data}(x)}[\log(D(x))] + E_{z \sim P_z(z)}[\log(1-D(G(z)))] \quad (5-1)$$

其中,x 表示真实数据;$P_{data}(x)$ 表示真实数据的分布;z 为 0~1 之间的随机数组成的数组;$G(z)$ 表示生成器生成的数据;$P_z(z)$ 表示生成数据的分布;$D(x)$ 表示辨别器的输出,用以评估 $P_z(z)$ 和 $P_{data}(x)$ 之间的差异;E 表示期望值。

辨别器的优化通过 $\max_D V(G,D)$ 实现。$V(G,D)$ 为辨别器的目标函数,第一项 $E_{x \sim P_{data}(x)}[\log(D(x))]$ 表示对于从真实数据分布中获取的样本,被辨别器判定为真实样本的概率的数学期望。第二项 $E_{z \sim P_z(z)}[\log(1-D(G(z)))]$ 中,$D(G(z))$ 表示生成数据被辨别器判定为真实数据的概率,所以 $1-D(G(z))$ 就表示辨别器能够识别出生成数据的概率。

辨别器优化训练后,接下来就要固定辨别器的参数,优化生成器。当辨别器的参数固定时,第一项就变成了常数,所以生成器的优化目标函数就变成了最小化 $E_{z\sim P_z(z)}$ $[\log(1-D(G(z)))]$,可以理解为辨别器对生成数据的识别率越低,生成器的能力越强。

由此可见,GAN 的优势是生成与训练样本类似的样本。而本章要解决的是只有正常状态数据下的异常状态诊断问题,属于开放性问题。此外,原始数据中包含大量的噪声信息,很难直接用于异常状态检测,所以我们希望建立一个特征提取器,从原始数据中提取一个低维的特征,此特征可以明显地区分正常状态和非正常状态。图 5-1 所示为双向 GAN 结构。与经典 GAN 相比,双向 GAN 多了一个特征提取器,可以实现从原始数据中提取特征,经典 GAN 只含有从特征空间到数据空间的生成器 G,在原理上双向 GAN 与经典 GAN 并无太大区别,所以其目标函数可以表示为

$$\min_{GE}\max_D L_{GED} = E_{x\sim P_{data}(x)}\big[\log(D(x,E(x)))\big] +$$
$$E_{z\sim P_z(z)}\big[\log(1-D(G(z),z))\big] \tag{5-2}$$

其中,E 表示特征提取器,$(x,E(x))$ 表示 x 与 $E(x)$ 拼接,$(G(z),z)$ 表示 $G(z)$ 与 z 拼接。

至此,已经实现了特征提取器自动从原始数据中提取特征的目的,当然训练后的辨别器可以用来检测异常状态。实现方法就是将数据输入训练好的特征提取器提取特征,获取特征后与原始数据一起输入训练好的辨别器,根据辨别器输出的概率值判断数据是否属于正常状态数据。然而实际操作证明,这样的辨别结果很不理想,这说明提取的特征边界比较模糊。为此,需要进一步提升特征提取器的能力,明晰正常状态特征与故障状态特征的边界,下一节将给出解决方法。

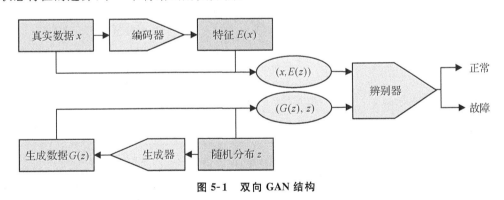

图 5-1　双向 GAN 结构

5.2.3　特征强化

由于在没有故障数据样本,只有正常状态数据的情况下,利用 5.2.2 所述的特征提取器提取的特征可能如图 5-2 所示,尤其是在多工况条件下,正常状态特征和故障状态特征的边界十分模糊,所以需要进一步优化特征提取器,使得提取的特征界线清晰。

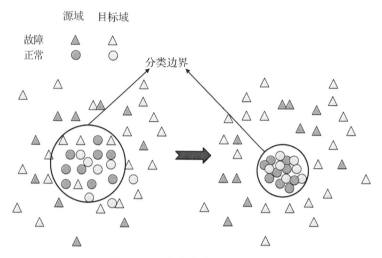

图 5-2   正常状态特征边界优化

实际生产中,相同设备往往有多种工况,由于源域只有正常状态数据监督模型训练,无法获得域不变特征。所以,我们在充分利用带标签的源域的监督能力的基础上,还要发掘其他不带标签的辅助域的作用。需要说明的是,源域带标签的数据也只有正常状态数据。为了使特征边界更加清晰,我们在双向生成对抗网络中引入两个辨别器,在两个辨别器对无标签数据辨别结果从不同到相同的对抗过程来增强特征学习的能力,具体解决步骤如图 5-3 所示。

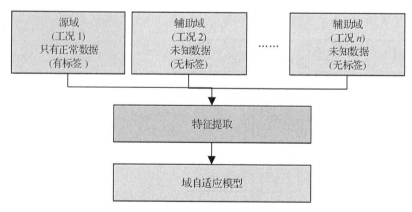

图 5-3   多工况条件下异常检测

图 5-1 所示的双向 GAN 网络中,将 $(x, E(x))$ 和 $(G(z), z)$ 一同输入辨别器进行辨别,由于随机数组 z 很难与特征提取器提取到的特征 $E(x)$ 保持相同的分布类型,从而影响辨别器的辨别能力。为此,本章将双向 GAN 网络改进为图 5-4 所示的结构。在生成样本环节,增加一个和源域相同的特征提取器提取生成样本的特征。为了进一步增强特征提取器的提取能力,在改进的双向 GAN 结构中添加一个辨别器,目的是通过两者之间的对抗训练提高特征提取器的能力,并以两者输出的平均值为最终辨别结果。下面为

本章提出的网络训练和识别步骤。

步骤 1：输入源域中正常状态数据进行训练，利用两个辨别器同时与特征提取器和生成器进行对抗训练，目标是两个辨别器都能正确分辨源域数据，其训练的目标函数如下：

$$\min_{GE} \max_D L_1 = \frac{1}{2n_s} \sum_{i=1}^{n_s} \sum_{n=1}^{2} L_{nGED}(x_i^s) \tag{5-3}$$

其中，n_s 表示源域 x_i^s 的样本数，$L_{nGED}(x_i^s)$ 表示交叉熵损失。

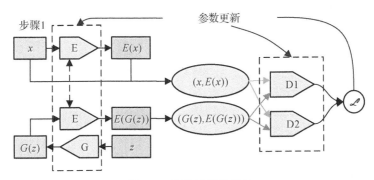

图 5-4 用源域训练网络

第一步利用生成器和辨别器的对抗训练，辨别器可以分辨出源域中的正常样本。但是由于训练样本全部来自源域，特征提取器所提取的特征泛化能力不足，当目标域与源域样本分布不同时，可能会出现误判。本章提出了一种提高模型泛化能力的策略，通过引入无标签的辅助域样本，构成二次对抗训练，具体见后续步骤。

步骤 2：上一步训练完成后，两个辨别器可以辨别出源域的样本数据，本步骤将加入辅助域样本。需要指出的是，辅助域样本没有标签，即状态未知。如图 5-5 所示，将辅助域样本输入训练好的特征提取器，提取的特征再分别输入两个辨别器。如果两个辨别器的判断结果不相同，说明提取的特征属于模糊特征；相反，如果两个辨别器的判断结果相同，说明提取的特征属于强健特征。本步骤的目的是训练两个辨别器的辨别能力，若两个辨别器的辨别结果不同，这就意味着特征提取器的能力不足，需要下一步强化训练。

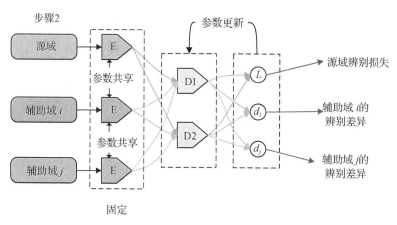

图 5-5　引入辅助域训练辨别器

本章直接利用两个辨别器的输出概率之差作为辨别器的辨别差异,如式(5-4)所示。

$$d(p_1, p_2) = \frac{1}{B} \sum_{b=1}^{B} \mid p_{1b} - p_{2b} \mid \tag{5-4}$$

其中,B 表示训练批的大小。总体的辨别差异可以表示成式(5-5)。

$$L_{adv} = E_{x \sim P_{auxiliary}(x)} \Big[\sum_{k=1}^{K} d_k(p_1, p_2) \Big] \tag{5-5}$$

其中,K 表示辅助域的个数。

为了找出尽可能多的模糊特征,我们期望两个辨别器的差异越大越好。同时为了确保源域的监督效果,避免模型失去对源域的分辨能力,步骤 2 的目标函数可以表示成式(5-6)。

$$\min_D L_2 = L_1 - L_{adv} \tag{5-6}$$

本步骤利用步骤 1 训练好的特征提取器提取特征,训练过程中,不训练特征提取器,只训练两个辨别器。经过步骤 2 的训练,模型已经具备查找模糊特征的能力,接下来的工作就是要把模糊特征转化为强健特征,具体见步骤 3。

步骤 3:固定两个辨别器,训练特征提取器,如图 5-6 所示。至此,特征提取器与步骤 2 训练的辨别器形成对抗。

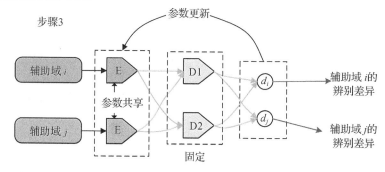

图 5-6　辨别器与特征提取器对抗训练

本步骤利用训练好的特征提取器提取特征,希望能同时被两个辨别器识别,即两个辨别器的辨别差异越小越好。因此,本步骤的目标函数可以表示成式(5-7)。

$$\min_E L_3 = L_{adv} \tag{5-7}$$

至此,经过上述三步的反复迭代训练,模型已经具备良好的特征提取和辨别能力。训练好的模型可以用来识别目标域的状态,将目标域输入训练好的模型,最后的辨别结果依据两个辨别器输出的平均值判断。如果目标域的辨别值介于源域所有样本的辨别值的范围内,则判为正常,否则为异常,如式(5-8)。

$$Score_T \begin{cases} \in Score_S, & 正常 \\ \notin Score_S, & 故障 \end{cases} \tag{5-8}$$

其中,$Score_T$ 表示目标域数据的辨别得分,$Score_S$ 表示源域数据的辨别得分。

需要说明的是,以上所述的辅助域也可以是目标域。

5.3 实验及分析

* * * * * * * * * * * * * * *

5.3.1 实验一:轴承数据

5.3.1.1 实验基本情况

本实验引入西安交通大学轴承数据集[89],该数据集由 LDK UER204 轴承全寿命实验采集而得,实验平台如图 5-7 所示,寿命实验轴承的工况见表 5-1。每种工况下,均有 5 个轴承参与全寿命实验,轴承从正常状态一直运行到出现故障为止,具体故障原因见表 5-2。实验从水平和垂直两个方向采集了轴承的全寿命振动信号,数据采样频率为 25.6 kHz,每间隔 1 min 采集一次,每次采集 32 768 个数据点。本章选取垂直方向的振动信号进行验证,前 3 次采集的数据作为正常状态数据,最后 3 次采集的数据作为故障数据。采用滑动窗口法将数据分割成长度为 1 024 的测试样本,每间隔 256 个数据点分割一次,所以每个轴承可获得正常状态样本和故障状态样本各 372 个。

垂直加速度计

测试轴承

水平加速度计

图 5-7 XJTU-SY Bearing Datasets 实验平台

表 5-1 寿命实验轴承的工况

工况	转速	负载
1	2 100 r/min(35 Hz)	12 kN
2	2 250 r/min(37.5 Hz)	11 kN
3	2 400 r/min(40 Hz)	10 kN

表 5-2 各轴承的故障位置

工况	数据集	故障位置
1 (35 Hz/ 12 kN)	B1_1	外圈
	B1_2	外圈
	B1_3	外圈
	B1_4	保持架
	B1_5	内圈和外圈
2 (37.5 Hz/ 11 kN)	B2_1	内圈
	B2_2	外圈
	B2_3	保持架
	B2_4	外圈
	B2_5	外圈
3 (40 Hz/ 10 kN)	B3_1	外圈
	B3_2	内圈、滚珠、保持架、外圈
	B3_3	内圈
	B3_4	内圈
	B3_5	外圈

5.3.1.2　网络结构

搭建如表 5-3 所示的网络结构,生成器、特征提取器以及两个辨别器均采用 5 层卷积网络结构。为了从不同尺度上区别数据特征,两个辨别器采用了不同的卷积参数,网络编译使用 Adam 优化器,学习率为 0.000 2,总迭代训练次数为 6 000 次。特征提取器提取的特征为 64 个。其中 G 代表生成器,E 代表特征提取器,D1 代表第一个辨别器,D2 代表第二个辨别器。

表 5-3　网络结构

类	层	核大小	步幅/填充	输出规格	批归一化	激活
G	Input	—	—	1×64	Decay 0.9 Epsilon 0.001	Leaky ReLU with leaky rate 0.2
	Layer 1	2	2/same	1×64		
	Layer 2	2	2/same	1×128		
	Layer 3	3	2/same	1×256		
	Layer 4	3	2/same	1×512		
	Layer 5	4	1/same	1×1 024		tanh
E	Input	—	—	1 024×1	Decay 0.9 Epsilon 0.001	Leaky ReLU with leaky rate 0.2
	Layer 1	4	1/same	1 024×4		
	Layer 2	4	2/same	512×4		
	Layer 3	4	2/same	256×3		
	Layer 4	3	2/same	128×2		
	Layer 5	2	2/same	64×1		
D1	Input	—	—	1 088×1	Decay 0.9 Epsilon 0.001	Leaky ReLU with leaky rate 0.2
	Layer 1	4	2/valid	543×3		
	Layer 2	4	4/valid	135×3		
	Layer 3	4	6/valid	22×3		
	Layer 4	3	6/valid	4×3		
	Layer 5	4	6/valid	1×1		Sigmoid
D2	Input	—	—	1 088×1	Decay 0.9 Epsilon 0.001	Leaky ReLU with leaky rate 0.2
	Layer 1	5	4/valid	271×3		
	Layer 2	3	2/valid	135×4		
	Layer 3	4	6/valid	22×5		
	Layer 4	3	6/valid	4×3		
	Layer 5	4	6/valid	1×1		Sigmoid

为了加速模型训练和收敛,在每个卷积层后面都添加了批归一化(Batch Normalization)层。

5.3.1.3 实验设置与结果讨论

为了验证本章所提方法的有效性,分别从相同工况不同状态、不同工况不同状态、多个源域、多个目标域的角度设置实验,共有7个测试组,具体分组见表5-4。表中,源域和目标域中的N代表正常状态数据,F代表故障状态数据。在进行网络训练时,源域都是正常状态数据集,目标域数据集的状态未知。为了判断本章方法的效果,引入单类支持向量机(OCSVM)、孤立森林(Isolation Forest)两种比较常用的一分类方法。在分类之前还需要进行原始数据的特征提取。关于特征提取,综合当前效果比较好的方法,选择深度自动编码器(DCAE)、双向生成对抗网络(BiGAN)及本章提出的 BiGAN2D 三种特征提取方法。为了降低网络结构和参数对辨别结果的影响,参与比较的方法全部采用相同的卷积结构,其中 BiGAN 的生成器、特征提取器、辨别器同表 5-3 中的 G、E、D1,DCAE 的编码器结构同表 5-3 中的 E,解码器同表 5-3 中的 G。需要说明的是,表中的OCDCAE、OCBiGAN、OCBiGAN2D 分别表示先利用 DCAE、BiGAN、BiGAN2D 提取数据集的特征,再利用 OCSVM 进行分类。而 IFDCAE、IFBiGAN、IFBiGAN2D 则表示先用上述三种方法进行特征提取后,再利用 Isolation Forest 进行分类。最后本章提出的方法是 IFBiGAN2D 辨别器输出的结果按照式(5-8)处理得到的结果。

表 5-4 实验分组及各方法的正确率

序号	源域	目标域	OCDCAE	IFDCAE	OCBiGAN	IFBiGAN	OCBiGAN2D	IFBiGAN2D	本章方法
1	B1_1 (N)	B1_1 (F)	100%	33.33%	32.80%	28.49%	100%	96.24%	100%
2	B1_1 (N)	B2_1 (N)	32.80%	94.89%	40.32%	66.94%	100%	99.19%	100%
3	B2_1 (N)	B3_2 (F)	39.51%	25.27%	50%	38.17%	100%	100%	100%
4	B2_3 (N)	B1_5 (F)	100%	62.63%	75.54%	70.70%	84.41%	80.91%	100%
5	B1_4 (N) B3_4 (N)	B1_2 (N)	45.70%	76.61%	33.33%	80.11%	54.84%	97.85%	100%
6	B1_3 (N) B3_3 (N)	B2_3 (N) B2_5 (F)	49.86%	50%	97.85%	50%	52.42%	50%	98.66%
7	B1_1 (N) B2_3 (N) B3_2 (N)	B1_4 (F) B2_2 (F) B3_4 (N)	71.16%	46%	66.67%	65.59%	82.71%	66.67%	89.34%

为了便于和其他方法比较,表 5-4 中的 7 个测试组在使用本章提出的方法时,不采用其他数据集作为辅助域,直接用目标域的数据集作为辅助域,也就说被测试的数据集既是目标域也是辅助域。将所有实验结果汇总,可以看出本章所提出的方法具有较高的正确率,并且在所有测试组中非常稳定。

为了展示所提出的方法中特征提取器的效果,以序号 3 中的数据集为例,分别将DCAE、BiGAN 及 BiGAN2D 提取的 64 维特征,利用 t-SNE 方法降维到 2 维,并将结果可视化,如图 5-8 所示。很明显,BiGAN2D 的特征提取器提取的正常状态和故障状态的特征更加容易区分,也就是说 BiGAN2D 提取的强健特征更多。

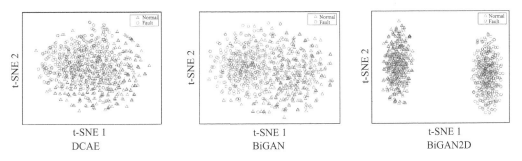

图 5-8　不同方法提取特征的 t-SNE 二维可视化结果

将表 5-4 中的辨别结果按照测试分组和方法绘制成蜘蛛网图,如图 5-9 所示。由图 5-9 可见,本章提出的方法在 7 组测试中表现是最好的。这也说明该方法在不同工况下具有很好的自适应能力。

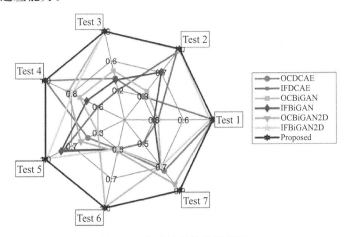

图 5-9　实验结果的蜘蛛网图

以上是本章提出的方法与现有其他方法的比较,可以看出本章的方法具备更好的泛化能力。

5.3.2　实验二:曳引机实验

5.3.2.1　实验简介

本实验采用的实验平台如图 2-1 所示,实验平台由被测曳引机、负载及振动传感器组成。曳引机的所有故障采用预置方式,即先设定好一种故障,采集对应的振动传感器数据,然后更换一种故障,再次采集数据,依次完成所有故障数据的采集。该平台共可以预置 10 种故障模式(表 5-5),包括正常、匝间短路(包括 2 匝短路、4 匝短路和 8 匝短路)、气隙偏心、转子断条、轴承座破损、轴承外圈破损、轴承内圈破损、轴承滚珠破损等故障类型。根据负载大小不同,共有 3 种工况,具体见表 5-6。

表 5-5 曳引机预置故障

序号	故障	序号	故障
1	正常	6	转子断条
2	匝间短路(2 匝)	7	轴承保持架破损
3	匝间短路(4 匝)	8	轴承外圈故障
4	匝间短路(8 匝)	9	轴承内圈故障
5	气隙偏心	10	轴承滚珠故障

表 5-6 曳引机实验工况

工况	负载/HP	转速/(r/min)
A	1	250
B	2	225
C	3	200

5.3.2.2 实验结果比较

本实验设置了 6 个测试组,利用 5.3.1.3 中提到的方法分别进行训练和辨别,结果汇总见表 5-7。源域和目标域中的代号字母表示工况,数字表示故障类别,如 A_5 表示工况 A 下的第 5 种故障模式,即气隙偏心。

表 5-7 曳引机实验结果

序号	源域	目标域	OCDCAE	IFDCAE	OCBiGAN	IFBiGAN	OCBiGAN2D	IFBiGAN2D	本章方法
1	A_1	A_2	99.5%	97.3%	100%	100%	100%	99.9%	100%
2	A_1	B_5	94.1%	87.5%	99.2%	96%	99.7%	96.6%	100%
3	A_1	B_1 B_2 C_5	33.33%	33.33%	66.67%	66.67%	66.67%	66.67%	88.63%
4	B_1 C_1	A_1 A_7 B_8	33.37%	33.33%	33.33%	66.67%	76.87%	99.1%	95.97%
5	A_1 B_1	A_3 A_5 B_6 C_1	25%	25%	75%	75%	75%	75%	75%
6	A_1 B_1 C_1	A_3 A_6 B_4 B_9 C_2 C_10	100%	100%	91.5%	39.57%	100%	100%	100%

以第 6 组测试数据为例,将 DCAE、BiGAN 及 BiGAN2D 提取的 64 维特征利用 t-SNE二维可视化后的结果如图 5-10 所示。可以看出,三种方法提取的特征强健性比较接近。这是因为训练数据集包含了三种工况的样本数据,在目标域和源域工况相同的情况下,三种方法都具有非常好的分辨能力。

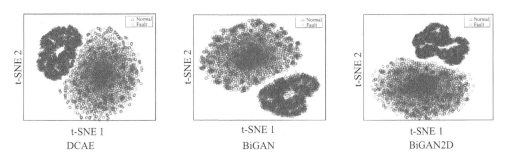

图 5-10　曳引机故障特征 t-SNE 二维可视化结果

将表 5-7 中的辨别结果绘制成蜘蛛网图,如图 5-11 所示。可见本章提出的方法依然具有很高的辨别率和良好的泛化能力。

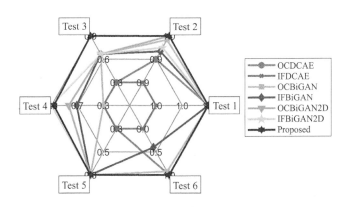

图 5-11　实验结果的蜘蛛网图

5.3.3　分析与讨论

从上述两个实验的结果能够看出,在源域和目标域工况相同的情况下,特征提取+分类的方法也可以获得较好的辨别效果。但是当源域和目标域的工况不同时,DCAE+OCSVM、DCAE+IF、BiGAN+OCSVM、BiGAN+IF 等常用的分类方法的预测结果不够稳定,时好时坏。这说明,这些方法的泛化能力不足,主要是因为训练数据中的工况不全,跨域诊断时难免出现误判。而本章提出的方法,巧妙地利用了不带标签的测试数据,将这些数据引入训练过程中,增强了特征提取器和辨别器的能力。从实验结果还可以看出,即使利用本章建立的 BiGAN2D 网络提取特征,再利用 OCSVM 或者 IF 进行分类,结果不如直接利用 BiGAN2D 的特征提取器＋辨别器的辨别效果好。这是因为辨别器中其实包含着一个隐藏的特征提取器，即卷积网络，首先由训练好的特征提取器提取特征，然后与原始数据一起输入辨别器中，再次进行特征提取，相当于对测试数据进行两次特征提取，效果自然比单次特征提取好。

5.4　本章小结
＊＊＊＊＊＊＊＊＊＊＊＊＊＊＊

　　针对工业设备故障诊断过程中故障状态数据采集困难，而正常状态数据采集相对容易的实际，本章提出了一种双辨别器双向生成对抗网络用于一分类情况下设备的故障诊断。具体训练策略包括三步：第一步，在只有正常状态数据的条件下，利用已知正常状态的数据作为源域训练网络的特征提取器和辨别器，使得网络的两个辨别器都能够完全辨别出源域的数据；第二步，利用未知状态的辅助域，固定特征提取器，以两个特征提取器辨别结果差别最大为目标，训练两个辨别器的辨别能力；第三步，固定辨别器，训练特征提取器，以两个辨别器的辨别结果相差最小为目标。第一步利用典型的生成对抗网络构成一次对抗训练，第二步和第三步构成二次对抗训练，经过反复迭代就可以使得特征提取器提取更加强健的特征，而辨别器同时具备更强的辨别能力。同时，为了兼顾网络对源域的辨别能力，第一步的训练贯穿在第二步和第三步训练中。西安交通大学轴承数据和曳引机故障数据实验表明，本章提出的方法具有很高的辨别率和很好的泛化能力，在多工况故障诊断中，与 OCDCAE、IFDCAE、OCBiGAN、IFBiGAN、OCBiGAN2D、IFBiG-AN2D 方法相比，具有明显优势。

第 6 章
基于量子遗传算法和 LSTM 算法的改进 PF 算法电梯关键零部件剩余使用寿命预测

6.1 引 言
* * * * * * * * * * * * *

　　基于数据驱动的剩余使用寿命预测方法可以实时地反映设备的健康状态,是当前基于状态维修研究的一个热点。随着深度学习、动态跟踪算法的提出,数据驱动的剩余使用寿命预测精度也越来越高。

　　设备剩余使用寿命预测的第一步往往需要提取出能够反映设备健康状态的指标特征,比如振动信号的时域特征、频域特征及时频域特征。考虑到从传感器数据中提取的单个或少数特征可能会丢失有效信息,很多研究也提出了多特征融合方法。文献[90]和文献[91]分别构造了一种健康加权指标,该指标融合了多种特征的信息,与机械的退化过程有很好的相关性。除了振动特征的提取外,图像特征的提取也被引入剩余使用寿命预测中。文献[92]提出了一种基于图像特征提取的行星齿轮故障诊断方法。文献[93]利用小波包变换提取信号特征,并利用人工神经网络估计剩余使用寿命。为了得到更精确的结果,还提出了一种寻找合适的母波、最优级和最优节点进行信号分解的方法,从分解后的小波系数中提取所需特征。实验结果表明该方法具有较强的预测能力。文献[90]提出了一种基于模型的机械剩余使用寿命预测方法,即指标构建剩余使用寿命(RUL)预测。该方法包括两个模块,在第一个模块中,构造了一种新的健康指标加权最小量化误差,该指标融合了多种特征的信息,与机械的退化过程有很好的相关性;在第二个模块中,使用最大似然估计算法初始化模型参数,并使用基于粒子滤波的算法对剩余使用寿命进行预测。利用滚动轴承加速退化试验的振动信号,证明了该方法的有效性。预测结果验证了该方法在机械设备剩余使用寿命预测中的有效性。

　　设备剩余使用寿命预测的第二步就是研究设备健康状态变化趋势的跟踪学习技术,

主要方法有:(1) 建立数学拟合模型。文献[94]提出了一种改进的剩余使用寿命预测维纳过程模型,该模型的漂移和扩散参数均能适应监测数据的更新。(2)动态跟踪滤波。文献[95]提出了一种改进的粒子修正方法和改进的多项式重采样方法,以提高重采样过程中粒子的多样性,解决了粒子贫化问题。将改进的粒子滤波算法成功地应用于一台装有双馈感应发电机的 2.5 MW 风力发电机传动系齿轮箱轴承剩余使用寿命的预测。文献[96]提出了一种改进的基于马尔可夫链蒙特卡罗(MCMC)的无气味粒子滤波(IUPF)方法,用于锂离子电池剩余使用寿命预测。该方法利用 MCMC 来解决 UPF 算法中的样本贫化问题。此外,IUPF 方法是在 UPF 的基础上提出的,因此它也可以抑制标准滤波(PF)算法中存在的粒子退化。(3) 机器自学习方法。文献[97]提出了一种基于双 CNN 模型结构的智能剩余使用寿命预测方法,该方法不需要借助任何特征提取器,构造了用于剩余使用寿命预测的第二个 CNN 模型。实验表明,该方法具有较高的预测精度和鲁棒性。文献[98]提出了一种结合状态监测数据和埃尔曼(Elman)神经网络的数据驱动预测方法。文献[99]提出了一个估计机械系统剩余使用寿命的框架。在公共可用的针对航空发动机剩余使用寿命预测的数据集(C-MAPSS)上对该方法进行了评估。将该方法的精度与文献中其他现有方法进行了比较。文献[100]提出了一种利用深度神经网络(DNNs)对轴承的鲁棒性进行两个阶段的自动估计的新方法。文献[101]提出了一种二维深度卷积神经网络,用于快速评估可靠性和预测鲁棒性,并提出了一种将一维信号转换为二维图像信号的转换方法,以满足二维 CNN 的输入要求。文献[102]将时变工况这个因素引入状态空间模型,提出了一种鲁棒性剩余使用寿命预测方法,将降解速率的变化引入状态转移函数,将降解信号的跳跃引入测量函数。文献[103]提出了一种基于两阶段退化模型的滚动轴承故障检测与预测的概率方法。文献[104]提出了一种新的切换无迹卡尔曼滤波(UKF)算法,建立了每种轴承运行状态对应的状态空间模型,并将 UKF 算法引入贝叶斯估计方法中,计算每种状态每次出现的概率,确定最可能的状态。

虽然 PF 算法具有良好的趋势跟踪优势,但粒子退化是 PF 算法中不可避免的现象。重采样有效地抑制了粒子的退化,但仍然存在退化问题,同时也存在粒子耗尽问题和约束算法的操作问题。虽然有很多改进的 PF 算法,但基本上都是以消耗算法的运行时间为代价的。深度学习方法可以自动提取信号中的有效信息,但在很多情况下,信号中含有大量的噪声。为了达到理想的预测效果,需要增加学习网络的层数,消耗大量的计算时间。因此,本章提出了一种基于量子遗传算法的改进 PF 算法跟踪设备退化趋势,并将 LSTM 算法引入剩余使用寿命预测中,以提高剩余使用寿命预测的效率和准确性。

6.2　基本原理

＊＊＊＊＊＊＊＊＊＊＊＊＊＊＊＊

6.2.1　粒子滤波模型

粒子滤波被广泛应用于视觉跟踪、信号处理、机器人、图像处理、金融、经济，以及目标定位导航、跟踪等领域。本章将粒子滤波模型应用于曳引机的剩余使用寿命预测。设系统的状态方程如下：

$$X_k = f(X_{k-1}, W_k) \tag{6-1}$$

其中，X_k 表示系统在 k 时刻的状态，f 表示映射函数，W_k 表示系统中的噪声，这里假设 W_k 服从均值为 0、方差为 Q 的高斯分布，即 $W_k \sim N(0, Q)$。

设系统的状态观测方程为

$$Z_k = h(X_k, V_k) \tag{6-2}$$

其中，Z_k 表示 k 时刻系统状态特征的测量结果，h 表示映射函数，V_k 表示测量噪声。

粒子滤波算法的具体步骤如下。

（1）初始化，$k=0$，根据系统状态先验密度 $p(x_0)$，采集粒子集 $\{x_0^i, \omega_0^i\}$，$i=1, 2, \cdots, N$。

（2）重要性采样。从提议分布 $x_k^i \sim q(x_k \mid x_{k-1}^i, z_{1:k})(i=1,2,\cdots,N)$ 提取 N 个粒子。

（3）更新权值。

$$\omega_k^i = \omega_k^i \frac{p(z_k \mid \hat{x}_k^i) p(\hat{x}_k^i \mid x_{k-1}^i)}{p(\hat{x}_k^i \mid x_{k-1}^i, z_{1:k})} \tag{6-3}$$

（4）归一化重要权值。

$$\widetilde{\omega}_k^i = \frac{\omega_k^i}{\displaystyle\sum_{i=1}^{N} \omega_k^i} \tag{6-4}$$

（5）重采样。根据重要性权值进行重采样得到新粒子，其权值均值为 $1/N$。

（6）状态估计。通过权值与抽取粒子的加权求和得到预估状态。

$$\hat{x}_k = \sum_{i=1}^{N} \widetilde{\omega}_k^i x_k^i \tag{6-5}$$

粒子退化是粒子滤波算法中不可避免的现象。重采样减弱了粒子退化，但退化仍然存在，并且重采样还会出现粒子耗尽和限制算法并行运行的问题。

6.2.2 量子遗传算法

量子遗传算法（QGA）是将量子计算的概念融入遗传算法的一种算法，能够保持很好的种群多样性。它将量子比特的概率幅表示应用于染色体的编码，使得一条染色体可以表示多个状态的叠加，并利用量子旋转门和量子非门实现染色体的更新操作，从而实现种群的优化。

QGA 的种群由采用量子比特编码的量子染色体构成。量子比特是 QGA 中最小的信息单元，与经典比特的不同之处在于，它不仅可以处于状态 0 或 1，还可以表示这两者的任一叠加态，因此 QGA 比 GA 具有更多的多样性。包含 n 个个体、量子染色体长度为 m 的种群可表示为

$$P(t) = \{p_1^t, p_2^t, \cdots, p_n^t\} \tag{6-6}$$

$$p_j^t = \begin{vmatrix} \alpha_1^t \\ \beta_1^t \end{vmatrix} \begin{vmatrix} \alpha_2^t \\ \beta_2^t \end{vmatrix} \cdots \begin{vmatrix} \alpha_m^t \\ \beta_m^t \end{vmatrix} (j = 1, 2, \cdots, n) \tag{6-7}$$

其中，p_j^t 为第 t 代的一个个体，α_i^t 和 β_i^t 都为复数，称为概率幅值，分别表示状态 0 和状态 1 的概率幅，且满足归一化条件 $(\alpha_i^t)^2 + (\beta_i^t)^2 = 1$；$t$ 为遗传代数。

量子门是 QGA 中最终实现演化操作的执行机构，量子遗传算法的关键之一就是构造合适的量子门。通过量子门旋转来实现量子位的更新，具体公式如下：

$$\begin{bmatrix} \alpha'_i \\ \beta'_i \end{bmatrix} = U_i \begin{bmatrix} \alpha_i \\ \beta_i \end{bmatrix} \tag{6-8}$$

其中，$U_i = \begin{bmatrix} \cos\theta_i & -\sin\theta_i \\ \sin\theta_i & \cos\theta_i \end{bmatrix}$ 为量子旋转门，$\begin{bmatrix} \alpha'_i \\ \beta'_i \end{bmatrix}$ 为更新后的染色体中第 i 个量子比特，$\begin{bmatrix} \alpha_i \\ \beta_i \end{bmatrix}$ 为更新前的染色体中第 i 个量子比特，θ_i 为量子门旋转角。

针对粒子滤波算法存在粒子退化问题，本章将 QGA 算法引入 PF 中，将 PF 产生的每个粒子看成一个染色体，利用量子遗传算法优化样本集，最后得到带权值的最好样本构成的样本集 $\{(x_k^i, \omega_k^i), i = 1, 2, \cdots, N\}$。由这 N 个粒子按 $E(X_k) = \sum_{i=1}^{N} \omega_k^i x_k^i$ 求均值即可得到状态估计值。

6.2.3 量子遗传算法对粒子滤波算法的优化步骤

（1）初始化种群。将经过 PF 重要采样后的样本集中的每个粒子看成一个个体，对其进行长度为 m 的量子编码表征染色体，构成初始种群 $Q(t)$。

（2）构造 $P(t)$。根据 $Q(t)$ 中各个体的 $|\alpha_i^t|^2$ 和 $|\beta_i^t|^2 (i = 1, 2, \cdots, m)$ 概率幅值生成二

进制染色体种群 $P(t) = \{b_1^t, b_2^t, \cdots, b_N^t\}$。$b_k^t$ 产生的方式为随机产生 $[0,1]$ 上的一个数 θ，如果 $\theta > |\alpha_i^t|^2$，那么 $b_k^t = 1$，否则 $b_k^t = 0$。

（3）采用适应度函数对粒子的优劣进行评价，并保留该代中的最优个体。适应度函数如下：

$$f(x_i) = \frac{1}{N} \left(\sum_{i=1}^{N} x_i^2 - N \overline{x}^2 \right) \tag{6-9}$$

其中，x_i 为种群的第 i 个个体，$\overline{x}$ 为种群中所有个体的均值，N 为种群中个体的数量。

（4）对种群 $Q(t)$ 中每个个体实施一次测量，得到一组状态 $Q(t)$，并计算 $Q(t)$ 的适应度值。

（5）利用量子旋转门对种群 $Q(t)$ 进行更新操作，得到子代种群 $Q(t+1)$。

（6）记录最佳个体及其适应度。

（7）如果满足结束条件，则停止对种群的优化，否则，就跳转到步骤（4），继续优化种群。

6.2.4　LSTM 预测

LSTM 是一种特殊的 RNN 类型。对于给定序列 $x = (x_1, x_2, \cdots, x_n)$，利用 RNN 模型通过迭代公式（6-10）和（6-11）可以得到一个预测序列 $y = (y_1, y_2, \cdots, y_n)$。

$$h_t = f(W_{xh}x_t + W_{hh}h_{t-1} + b_h) \tag{6-10}$$

$$y_t = W_{hy}h_t + b_y \tag{6-11}$$

其中，$h = (h_1, h_2, \cdots, h_n)$ 为隐藏层序列，W_{xh} 表示输入层到隐藏层的权重系数矩阵，W_{hh} 表示藏层到自身权重系数矩阵，W_{hy} 表示隐藏层到输出层的权重系数矩阵，b_h 表示隐藏层的偏置向量，b_y 表示输出层的偏置向量，f 表示激活函数，一般是非线性的，如 tanh 或 ReLU 函数。

经典的 RNN（simple-RNN）相当于在时间序列上展开的多层 DNN，这种模型很容易出现梯度消失或梯度爆炸的问题。LSTM 模型可以学习长期的依赖信息，同时避免梯度消失问题。LSTM 在 RNN 隐藏层的神经节点中增加了一种记忆单元，用来记录历史信息，并增加了三种门（Input、Forget、Output）来控制历史信息的使用。

设 i、f、c、o 分别代表输入门、遗忘门、单元状态、输出门，W 和 b 为对应的权重系数矩阵和偏置向量，σ 和 tanh 分别代表 sigmoid 函数和双曲正切激活函数。其向前计算公式如下：

$$i_t = \text{sigmoid}(W_{xi}x_t + W_{hi}h_{t-1} + W_{ci}c_{t-1} + b_i) \tag{6-12}$$

$$f_t = \text{sigmoid}(W_{xf}x_t + W_{hf}h_{t-1} + W_{cf}c_{t-1} + b_f) \tag{6-13}$$

$$c_t = f_t c_{t-1} + i_t \tanh(W_{xx}x_t + W_{hc}h_{t-1} + b_c) \qquad (6-14)$$

$$o_t = \mathrm{sigmoid}(W_{xo}x_t + W_{ho}h_{t-1} + W_{co}c_t + b_o) \qquad (6-15)$$

$$h_t = o_t \tanh(c_t) \qquad (6-16)$$

关于 LSTM 的详细介绍可以参考文献[105]。

6.3 实验及分析

＊＊＊＊＊＊＊＊＊＊＊＊＊＊

现采用电梯曳引机寿命数据集验证本章提出的预测方法。电梯曳引机寿命数据集是基于 MATLAB/Simulink 的仿真模型产生的数据。数据集包含 4 个子数据集,均是从 21 个传感器获取的时间序列变量。每个子数据集都包含训练数据集和测试数据集,训练数据集包含每个曳引机运行至出现故障的全寿命数据。需要说明的是,每个单元的初始状态是不同的,但都可以认为是健康状态。每个子数据集的工况及故障模式都是不同的。4 个子数据集分别记作 D001、D002、D003 和 D004,具体信息见表 6-1。

表 6-1　曳引机寿命数据集相关参数

	曳引机寿命仿真数据集			
	D001	D002	D003	D004
训练集单元数	100	260	100	249
测试集单元数	100	259	100	248

本章以 D001 数据集中的训练集作为研究对象,数据集由 21 个传感器所采集的信息构成。考虑到有些传感器的信息在曳引机的全寿命过程中几乎没有改变,对曳引机剩余使用寿命预测没有价值,经过比较,从 21 个传感器采集的信息中选出 14 个传感器的数据作为曳引机的特征值,这 14 个传感器的编号分别是[2,3,4,7,8,9,11,12,13,14,15,17,20,21]。为了描述曳引机的性能退化趋势,设第 i 个单元在 k 时刻的特征向量为 $X_k^i = (x_{k,1}^i, x_{k,2}^i, \cdots, x_{k,14}^i)$,利用线性加权模型获得第 i 个单元在 k 时刻的健康指标,公式如下:

$$HI_k^i(X_k^i, \lambda) = \lambda_0 + \sum_{n=1}^{14} \lambda_n x_{k,n}^i \qquad (6-17)$$

其中,$\lambda = (\lambda_0, \lambda_1, \cdots, \lambda_{14})$ 表示权值向量。为了使健康指标 HI 有明显退化趋势,特将 HI 的值按式(6-18)定义。

$$\widehat{HI}_k^i(X_k^i,\lambda)=\begin{cases}0, & k\leqslant 5\% T_i \\ \exp\left(\dfrac{\log(0.05)}{0.95\,T_i}(T_i-k)\right), & 5\% T_i<k<95\% T_i \\ 1, & k\geqslant 95\% T_i\end{cases} \tag{6-18}$$

其中,T_i 为第 i 个单元的寿命。可以看出,在全寿命过程中,单元的健康指标 HI 值的变化范围是 $[0,1]$。当单元是新品时,$HI=0$;随着单元服役时间的增加,HI 值不断增加,直至单元失效,$HI=1$。

从 100 个单元中,选取前 40 个作为训练样本,剩余 60 个作为测试样本。首先将每个训练样本的数据特征值采集时间代入式(6-18),然后代入式(6-17),联合 40 个测试样本的 HI 值,得到一个关于 λ 的方程组,最后利用最小二乘法计算出 λ 的值。将此 λ 值和 60 个测试样本的采集数据代入式(6-17)计算每个测试样本的 HI 值。根据 100 个训练单元的 HI 值绘制成 HI 值图,如图 6-1 所示。

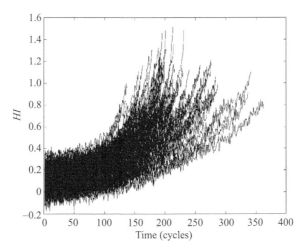

图 6-1　100 个训练单元的 *HI* 值

本章选择指数分布作为 HI 指标的分布模型,具体如下:

$$HI=a\times\exp(b\times n)+c\times\exp(d\times n) \tag{6-19}$$

其中,n 为循环次数,HI、a、b、c、d 含有高斯白噪声,均值为 0,方差未知。预测模型的状态如下:

$$X(n)=[a(n),b(n),c(n),d(n)]^\mathrm{T} \tag{6-20}$$

则状态更新方程如下:

$$\begin{cases}a(n+1)=a(n)+w_a(n),w_a\sim N(0,\sigma_a) \\ b(n+1)=b(n)+w_b(n),w_b\sim N(0,\sigma_b) \\ c(n+1)=c(n)+w_c(n),w_c\sim N(0,\sigma_c) \\ d(n+1)=d(n)+w_d(n),w_d\sim N(0,\sigma_d)\end{cases} \tag{6-21}$$

观测方程如下：

$$HI(n) = a(n) \times \exp(b(n) \times n) + c(n) \times \exp(d(n) \times n) + v(n) \quad (6\text{-}22)$$

其中，测量噪声为均值是 0、方差是 σ_v 的高斯白噪声，即 $v(n) \sim N(0, \sigma_v)$。

图 6-2 所示为第 54 单元 HI 跟踪结果，可以看出，开始阶段，由于初值设定原因，PF 和 QGA-PF 状态预测误差均较大，随着时间的推移，两种方法的预测值越来越接近测量值，但总体来看，QGA-PF 预测精度更高。为了比较二者的预测精度，用预测结果与测量值的误差均方根表示，具体公式如下：

$$RMSE = \sqrt{\frac{1}{T} \sum_{i=1}^{T} (\widehat{HI}_i - HI_i)^2} \quad (6\text{-}23)$$

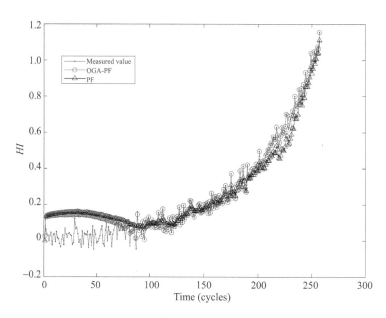

图 6-2　第 54 单元 HI 跟踪结果

实验硬件平台为台式计算机（Intel Core i7-8700 处理器、16G 内存），实验环境为 MATLAB 2018b。PF 粒子数 500，QGA 最大迭代数 100，量子编码长度 10。两种方法的运行时间及均方根误差见表 6-2。

表 6-2　PF 和 QGA-PF 预测结果比较

算法	运行时间/s	均方根误差
PF	909.68	0.07
QGA-PF	612.32	0.0594

从表 6-2 可以看出，QGA-PF 的计算速度及预测误差均优于 PF。

从图 6-3 可以看出，a、b、c、d 随着时间基本都在变化，如果仅以最后时间点的 a、b、c、d 值来预测单元的剩余使用寿命，可能存在较大误差。所以本章利用 LSTM 先进行未来时间 a、b、c、d 的预测，再利用 a、b、c、d 的预测值，代入式（6-19）计算单元的剩余使用寿命。具体流程如图 6-4 所示。

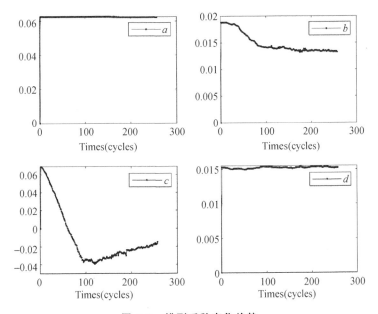

图 6-3　模型系数变化趋势

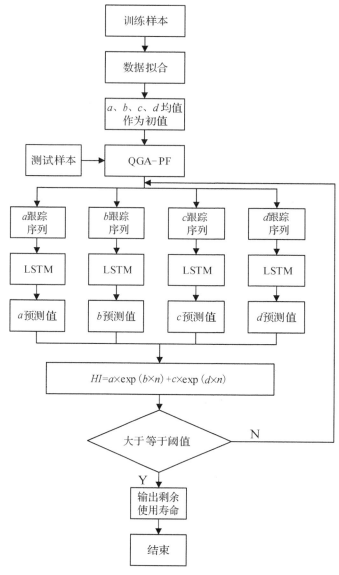

图 6-4 RUL 预测流程

具体步骤如下:

(1)输入训练样本,利用式(6-19)进行数据拟合,得到每个样本的系数,即 a、b、c、d 值。

(2)输入测试样本,取步骤(1)得到的 a、b、c、d 各自的均值作为初始值,利用 QGA-PF 方法进行跟踪,优化各系数。

(3)将跟踪得到的系数序列输入 LSTM 进行预测。

(4)将预测的系数输入式(6-19)计算单元的状态指标,判断指标是否达到阈值,如果大于等于阈值,则以当前时间减去预测开始时间作为该单元的剩余使用寿命,否则,将预测系数加入跟踪序列,转到步骤(3)。

为了验证本章方法的预测效果,设定 $HI=0.5$ 为预测开始时刻,$HI=0.8$ 为预测结束时刻,开始时刻到结束时刻的时间差作为真实剩余使用寿命。从 60 个测试样本中选取 52 个 $HI \geqslant 0.8$ 的单元样本进行试验。将 52 个单元按照其真实使用寿命从小到大排序,并分别利用 PF、PF-LSTM、LSTM、QGAPF 以及 QGAPF-LSTM 这几种方法对每个单元的剩余使用寿命进行预测,结果如图 6-5 所示。其中,PF 预测,使用预测开始前 PF 最后一次跟踪优化的系数,代入式(6-19)进行预测;PF-LSTM 和 QGAPF-LSTM 预测步骤类似,只是预测开始前的跟踪方法不同;LSTM 预测直接将每个单元预测开始前的 HI 序列输入 LSTM 网络进行预测。各种预测方法的均方根误差见表 6-3。

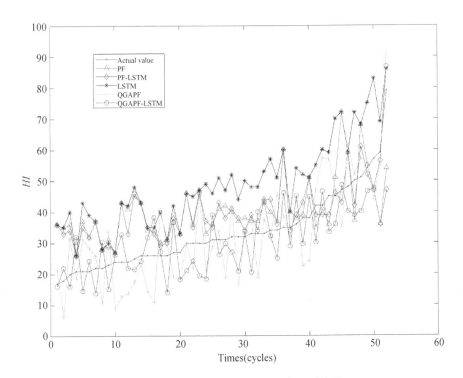

图 6-5　测试样本集剩余使用寿命预测结果

表 6-3　测试样本集剩余使用寿命预测误差

方法	均方根误差
PF	11.3578
PF-LSTM	9.9024
LSTM	16.6034
QGAPF	9.6436
QGAPF-LSTM	7.8919

从图 6-5 和表 6-3 可以看出,QGAPF 的预测精度要高于 PF,QGAPF 与 LSTM 相结合的预测方法具有更高的预测精度。

6.4 本章小结
* * * * * * * * * * * * * *

本章引入量子遗传算法对 PF 算法进行改进,提高了运算速度和预测精度,在此基础上引入 LSTM,进一步提高了剩余使用寿命预测的精度。另外,本章还给出了设备健康状态指标的提取方法。当然,还有一些不足之处需要进一步研究并改进,比如 LSTM 的运算速度较慢,需要在计算速度上进行更深入的研究。

基于改进 LSTM 算法的多工况电梯关键零部件剩余使用寿命预测

7.1 引　言

* * * * * * * * * * * * *

　　复杂设备的剩余使用寿命的准确预测是当前的难题,尤其对于航空航天领域的设备等,如果能精确预测其剩余使用寿命,有助于适时进行预防性维修,可以有效避免安全事故的发生,并能降低运维成本。当前,常见的剩余使用寿命预测方法大体上分为基于模型的方法和数据驱动的方法。基于模型的方法是通过建立数学模型来描述设备剩余使用寿命与衰退特征的关系,利用观测数据实时更新模型参数,从而进行剩余使用寿命预测。该方法往往需要具备一定的经验知识,并明确退化机理,如粒子滤波[106]、马尔可夫方程[107]、指数退化模型[108]、维纳模型[109]等。王泽洲等[110]提出了基于比例关系加速退化建模的设备剩余使用寿命在线预测方法。宋仁旺等[111]提出了基于 Copula 函数对齿轮箱剩余使用寿命进行预测的方法。基于数据驱动的方法是通过机器学习建立运行数据与退化状态之间的联系,无须研究退化机理,也无需大量的先验知识。文献[112]提出了一种基于卷积的长短期记忆网络的深度神经网络,用于轴承的剩余使用寿命预测。文献[113]提出了一种自适应贝叶斯网络对故障轴承的运行状态进行预测。

　　多工况设备的剩余使用寿命预测也是当前研究的热点。文献[114]提出了一种新的基于相似度的剩余使用寿命预测算法和机器预测方法。从现有研究来看,对于多工况设备剩余使用寿命预测的研究思路基本上可分为两类:一类是采用迁移思想,利用相似程度进行预测,另一类是将工况参数融入所建模型。对于工况频繁变化的设备而言,不同工况下传感器数据可能存在较大差异,且很多情况下,样本是不均衡的,失效阈值不固定。一些研究直接给出了设备发生故障时的特征阈值,这对于变工况尤其是多工况设备来说,故障阈值是不固定的且不易获取。另有一些方法利用深度学习网络训练并预测测试数据集的寿命。对于多工况设备,采用深度学习方法时往往直接认为其只有一种工况。有的研究考虑的多工况问题,也没有考虑数据集的均衡性问题。虽然深度学习方法有很高的预测精度,但由于本身的黑箱效应,其物理意义难以解释清楚。此外,在处理以上两种情况时,深度学习还存在一些限制:

(1)多工况。设备在不同工况下的表现不同甚至差异很大,尤其是训练数据和测试数据来自不同设备的情况,深度学习方法的鲁棒性变差。

(2)非均衡样本数据。在剩余使用寿命预测中,样本数据不均衡是比较常见的,样本数量往往呈高斯分布,尤其是故障样本数据少的问题普遍存在,这样会导致模型训练出现过拟合问题,从而影响预测精度。

本章主要内容如下:

(1)提出了一种可体现设备劣化趋势的特征融合方法。针对多工况问题提出了基于 K 均值的工况识别和传感器数据的标准化方法,消除工况对特征信息的影响。通过建立权重线性模型将多个特征融合为一个特征。

(2)给出了一种非均衡数据处理方法。针对训练数据集不均衡的问题,提出了基于 KNN 的权重赋值方法,从而可以一定程度上降低训练过拟合问题,提高预测精度。

(3)建立了新的回归损失函数,提出了一种改进 Huber 损失函数,增强了训练模型在出现异常值时的鲁棒性。

7.2　数据预处理

* * * * * * * * * * * * * * *

7.2.1　工况识别

复杂多变的工况往往会掩盖设备的性能退化,不同工况下设备的表现一般不同,这不利于进行剩余使用寿命预测。所以应先识别出工况,然后进行数据的标准化处理。本章采用 K 均值聚类算法进行工况识别,具体方法如下:

设 $X = \{X_1, X_2, \cdots, X_n\}$ 为已知数据集,其中 $X_1, X_2, \cdots, X_n$ 为 n 个数据,且每个数据都是 N 维的,即 $X_i = (x_{i1}, x_{i2}, \cdots, x_{iN})$。K 均值聚类算法就是找到含有 K 个聚类中心的集合 $C = \{C_1, C_2, \cdots, C_K\} = \{(c_{11}, c_{12}, \cdots, c_{1N}), (c_{21}, c_{22}, \cdots, c_{2N}), \cdots, (c_{K1}, c_{K2}, \cdots, c_{KN})\}$,使得目标函数:

$$G(X, C) = \min\left(\sum_{i=1}^{K} \sum_{j=1}^{n_i} d(C_i, X_j)\right) \tag{7-1}$$

其中，n_i 是被归为类 C_i 的数据对象点数，$d(C_i, X_j)$ 表示聚类中心与数据对象的欧氏距离，计算公式如下：

$$d(C_i, X_j) = \sqrt{(c_{i1} - x_{j1})^2 + (c_{i2} - x_{j2})^2 + \cdots + (c_{iN} - x_{jN})^2} \tag{7-2}$$

K 均值聚类算法的核心思想是把数据集划分成使目标函数达到最小值的 K 类，具体步骤如图 7-1 所示。首先利用训练数据集通过聚类得到聚类中心和半径，然后用测试数据计算实时工况参数与各个聚类中心的距离，距离较近者即为该工况。识别流程如图 7-2 所示。

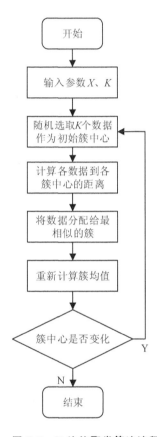

图 7-1　K 均值聚类算法流程图

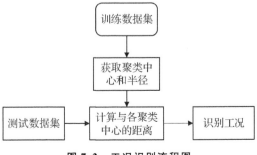

图 7-2　工况识别流程图

7.2.2 数据标准化

不同工况下设备性能状态参数一般存在很大差异,为了克服工况不同带来的差异,可采用正态标准化方法将不同工况的特征数据映射到一个标定的范围,具体方法如下:

假设第 p 种工况条件下设备的性能状态参数的均值 $\overline{x}^p$ 和标准差 s^p 分别为

$$\overline{x}^p = \text{mean}(\{x\}^p) \tag{7-3}$$

$$s^p = \text{std}(\{x\}^p) \tag{7-4}$$

工况 p 下设备状态参数向量可标准化为

$$y_{ij} = \frac{x_{ij} - x_j^p}{s_j^p} \tag{7-5}$$

其中,$i = 1, 2, \cdots, n_p$,$j = 1, 2, \cdots, N$,n_p 表示设备检测点数,N 表示性能参数维度。

7.2.3 特征融合

为了提高预测算法的效率,一般都会设法降低样本数据的维数。主成分分析(PCA)是较常用的降维方法,但是 PCA 方法难免存在信息丢失问题[20]。为此本章提出了一种特征融合方法,具体如下:

假设第 i 个设备在 k 时刻的特征向量为 $X_k^i = (x_{k,1}^i, x_{k,2}^i, \cdots, x_{k,N}^i)$,利用线性加权模型获得第 i 个设备在 k 时刻的健康指标:

$$HI_k^i(X_k^i, \lambda) = \lambda_0 + \sum_{n=1}^{N} \lambda_n x_{k,n}^i \tag{7-6}$$

其中,$\lambda = (\lambda_0, \lambda_1, \cdots, \lambda_N)$ 表示权值向量,在具备历史数据的情况下,可以利用最小二乘法求解其值。为了使健康指标 HI 有明显的退化趋势,特将 HI 的值定义如下:

$$\widehat{HI}_k^i(X_k^i, \lambda) = \begin{cases} 0, & k \leqslant 1\%T_i \\ \exp\left(\frac{\log(0.01)}{0.99T_i}(T_i - k)\right), & 1\%T_i < k < 99\%T_i \\ 1, & k \geqslant 99\%T_i \end{cases} \tag{7-7}$$

其中,T_i 为第 i 个设备的寿命。

可以看出,在全寿命过程中,设备的健康指标 HI 值的变化范围是 $[0,1]$。当设备是新品时,$HI=0$;随着设备服役时间的增加,HI 值不断增加,直至单元失效,$HI=1$。

7.2.4 时间序列

时间序列是指按照时间先后顺序排列而成的数列,包含设备性能随时间变化的退化信息。对于采用统计方法或神经网络方法进行复杂设备剩余使用寿命预测,时间序列样本是重要的前提。为了构造预测时间序列样本,本章采用滑动窗口技术,时间窗口长度为 40 个窗格,每次向前滑动 1 个窗格,从而形成若干训练样本,如图 7-3 所示。

每次向前滑动一格

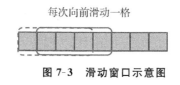

图 7-3　滑动窗口示意图

7.3　深度预测网络

* * * * * * * * * * * * * * * * * * * *

7.3.1　双向 LSTM 预测

LSTM 是一种特殊的 RNN 类型。对于给定序列 $x=(x_1,x_2,\cdots,x_n)$,利用 RNN 模型通过迭代公式(7-8)和(7-9)可以得到一个预测序列 $y=(y_1,y_2,\cdots,y_n)$。

$$h_t=f(W_{xh}x_t+W_{hh}h_{t-1}+b_h) \tag{7-8}$$

$$y_t=W_{hy}h_t+b_y \tag{7-9}$$

其中,$h=(h_1,h_2,\cdots,h_n)$ 为隐藏层序列,W_{xh} 表示输入层到隐藏层的权重系数矩阵,W_{hh} 表示隐藏层到自身的权重系数矩阵,W_{hy} 表示隐藏层到输出层的权重系数矩阵,b_h 表示隐藏层的偏置向量,b_y 表示输出层的偏置向量,f 表示激活函数,一般是非线性的,如 tanh 或 ReLU 函数。

经典的 RNN(simple-RNN)很容易出现梯度消失或梯度爆炸的问题。LSTM 模型可以学习长期的依赖信息,同时避免梯度消失问题。LSTM 在 RNN 隐藏层的神经节点中增加了一种记忆单元用来记录历史信息,并增加了三种门(Input、Forget、Output)来控制历史信息的使用。

设 i、f、c、o 分别代表输入门、遗忘门、单元状态、输出门,W 和 b 为对应的权重系数矩阵和偏置向量,σ 和 tanh 分别代表 sigmoid 函数和双曲正切激活函数。其向前计算公式如下:

$$i_t=\mathrm{sigmoid}(W_{xi}x_t+W_{hi}h_{t-1}+W_{ci}c_{t-1}+b_i) \tag{7-10}$$

$$f_t=\mathrm{sigmoid}(W_{xf}x_t+W_{hf}h_{t-1}+W_{cf}c_{t-1}+b_f) \tag{7-11}$$

$$c_t=f_tc_{t-1}+i_t\tanh(W_{xc}x_t+W_{hc}h_{t-1}+b_c) \tag{7-12}$$

$$o_t=\mathrm{sigmoid}(W_{xo}x_t+W_{ho}h_{t-1}+W_{co}c_t+b_o) \tag{7-13}$$

$$h_t=o_t\tanh(c_t) \tag{7-14}$$

设备性能的退化对时间具有较强的依赖性,数据变换不仅与之前的时间有关,而且会反映在后续时间上。双向 LSTM(BLSTM)是在 LSTM 的基础上优化而来,具备双向传播能力,可以同时提取前后时间的信息。本章所建立的 BLSTM 结构如图 7-4 所示。

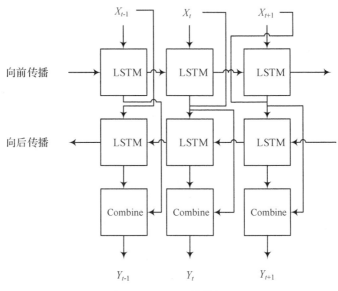

图 7-4　BLSTM 结构图

7.3.2　回归损失函数

1. 均方误差(MSE)

均方误差指模型预测值 $f(x)$ 与样本真实值 y 之间的距离平方的平均值。其公式如下:

$$MSE = \frac{1}{m}\sum_{i=1}^{m}(y_i - f(x_i))^2 \tag{7-15}$$

其中,y_i 和 $f(x_i)$ 分别表示第 i 个样本的真实值和预测值,m 为样本个数。

2. 平均绝对误差(MAE)

平均绝对误差是所有真实值 y 与模型预测值 $f(x)$ 的偏差的绝对值的平均,其公式如下:

$$MAE = \frac{1}{m}\sum_{i=1}^{m}|y_i - f(x_i)| \tag{7-16}$$

3. 损失函数

相比于平方损失,Huber 损失对异常值不敏感,但它同样保持了可微的特性。Huber 误差基于绝对误差,但在误差很小时即为平方误差。我们可以使用超参数 δ 来调节这一误差的阈值。当 δ 趋于 0 时,它就退化成 MAE;而当 δ 趋于无穷时,则退化为

MSE,其表达式(连续可微的分段函数)如下:

$$L_\delta^i = \begin{cases} \dfrac{1}{2}(y_i - f(x_i))^2, & |y_i - f(x_i)| \leqslant \delta \\[2mm] \delta |y_i - f(x_i)| - \dfrac{1}{2}\delta^2, & |y_i - f(x_i)| > \delta \end{cases} \tag{7-17}$$

MSE 计算简便,但 MAE 对异常点有更好的鲁棒性。使用 MAE 训练神经网络的一大问题是它的梯度总是很大,这可能导致在梯度下降训练模型结束时丢失最小值。对于 MSE,随着损失值逐渐接近最小值,梯度会逐渐减小,从而使其更加准确。Huber 损失函数会由于梯度的减小而落在最小值附近,而且相比于 MSE,它对异常值更具鲁棒性。因此,它同时具备 MSE 和 MAE 这两种损失函数的优点。但 Huber 损失函数也存在一个问题,我们可能需要训练超参数 δ,而且这个过程需要不断迭代。基于 Huber 损失函数,本章建立了以下回归损失函数:

$$L = \sum_{k=1}^{K} \frac{\omega_k}{m} \sum_{i=1}^{m} L_\delta^i \tag{7-18}$$

其中,ω_k 为第 k 个样本的权重,$\delta = 1.35$。

本章采用 KNN 方法来确定训练样本的权重,具体步骤如下:

(1) 准备数据,对数据进行预处理。

(2) 计算测试样本点(也就是待分类点)到其他训练样本点的距离。

(3) 对每个距离进行排序,选择距离最小的 K 个样本。

(4) 对选出的 K 个样本进行权重赋值,距离最小的赋值 K,依次递减,距离最大的赋值 1。

7.4　剩余使用寿命预测方法

图 7-5 所示为本章提出的多工况设备剩余使用寿命预测流程。具体步骤如下:

(1) 输入训练样本集和测试样本集,先利用 K 均值聚类算法进行训练数据集工况聚类,然后利用欧氏距离公式计算测试数据到训练样本集的聚类中心的距离,进而识别出对应的工况。

(2) 对于训练样本,针对每一种工况,利用 7.2.2 节中的数据标准化方法进行训练数据集的标准化处理,降低工况对特征的影响。测试样本可能包含截断数据,可以将其融合到训练数据中进行标准化处理。

(3) 利用 7.2.3 节中的特征融合方法,将多个特征融合为一个健康指标,对训练样本和测试样本分别处理。

（4）设定步长和窗口长度,利用滑动移窗方法生成多个健康指标时间序列,并将每个序列的剩余使用寿命作为标签,对训练样本和测试样本分别处理。

（5）利用线性拟合方法对指标时间序列进行拟合,本章采用三次曲线拟合函数,形成新的健康指标,对训练样本和测试样本分别处理。

（6）由于训练样本集可能存在非均衡问题,利用 KNN 方法,为每个测试样本序列匹配 K 个训练样本,组成新的训练样本集。

（7）将带标签的新训练样本集和测试样本集输入本章构建的 BLSTM 网络进行剩余使用寿命预测。

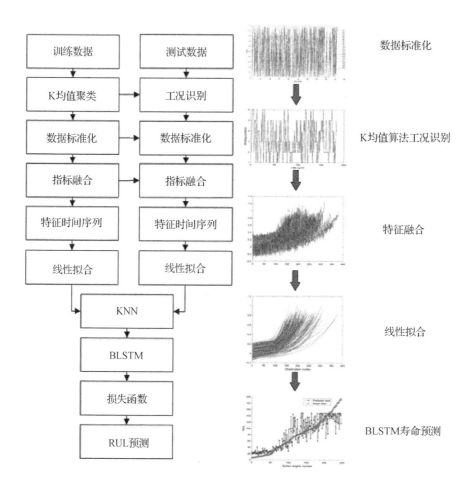

图 7-5　剩余使用寿命预测流程

7.5　实验验证

* * * * * * * * * * * * * * * * *

　　本章数据来自曳引机仿真数据集,该数据集每次采样记录曳引机的 24 种特征数据,其中包含 21 个传感器数据和由不同速度、载荷、实验环境(温度、湿度)决定的状态参数。数据集包含 4 个子数据集(D001~D004),每个子数据集均有一个测试集和训练集,训练集数据记录了曳引机从正常运行到失效过程的完整数据,测试集数据为曳引机失效前的若干循环数据。本章以 D002 数据集来验证所提出的方法。D002 数据集有 6 种工况、1 种故障模式。训练样本数量为 260 个,测试样本数量为 259 个。

7.5.1　工况识别

　　从 D002 训练数据集中选出转速、载荷及温度 3 个运行状态参数,利用 K 均值聚类算法识别出 6 种工况,其中 10 号和 72 号曳引机的全寿命周期内的工况识别结果如图 7-6 所示。

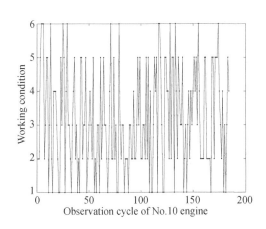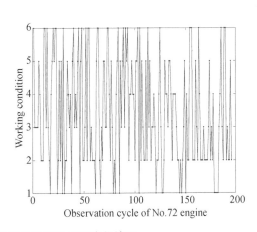

图 7-6　10 号和 72 号曳引机全寿命周期内工况变化情况

　　由图 7-6 可以看出,10 号曳引机的工况在全寿命周期内一直处于变动状态。两台曳引机的工况变化毫不相同,且没有规律性。当然,其他曳引机的工况也是随机变化的。

7.5.2　故障特征分析

　　为了比较正常状态和故障出现前曳引机的运行状态的不同,本章引入 t-SNE 方法对数据特征降维处理。取 D002 训练数据集中 260 个训练样本最开始的 10 个周期数据样本和故障发生前的 10 个周期数据样本,并将每组 21 个传感器数据利用 t-SNE 压缩成 2 个特征,结果如图 7-7 所示。由图 7-7 可以看出,起始数据(正常状态)和最终数据(故障状态)的特征聚集性较好、区分明显,这说明曳引机故障状态和正常状态的特征区别明显,可以利用故障状态的特征进行曳引机的剩余使用寿命预测。同时也能看出故障特征聚集区不止一处,这说明利用单一阈值预测剩余使用寿命不合实际。

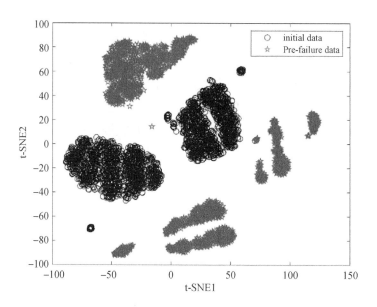

图 7-7　曳引机正常状态和故障状态特征 t-SNE 降维结果

7.5.3　健康指标

利用 7.2.2 节的数据标准化方法,分别将 21 个传感器数据标准化,其中 10 号曳引机全寿命周期内 21 个特征的标准化结果如图 7-8 所示。

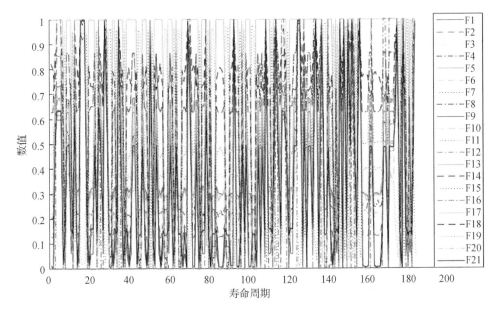

图 7-8 10 号曳引机全寿命周期内 21 个特征的标准化结果

可以看出,21 个特征从开始到曳引机故障位置基本呈现震荡状态,没有明显的劣化趋势,也不能直接看出特征的故障阈值,所以很难直接给定某个特征的故障阈值,这也说明直接利用阈值来判断曳引机是否发生故障与实际情况不符。

按照 7.2.3 节的数据融合方法,将 260 组训练样本和 259 组测试样本中 21 个标准化后的特征融合成 1 个健康指标,结果如图 7-9 所示。可以看出,健康指标从正常状态开始呈逐渐增大趋势,故障时达到最大值,整体上可以体现曳引机的退化趋势。

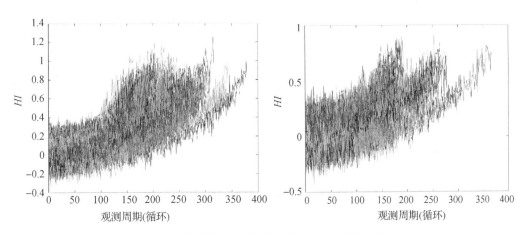

图 7-9 训练样本和测试样本全寿命特征融合结果

图 7-9 所示的健康指标整体上可以呈现曳引机的退化趋势,但从相邻观测时间可以看出健康指标的波动较大,会给剩余使用寿命预测带来影响。为此本章采用三次曲线拟合方法对融合后的健康指标进行平滑处理,结果如图 7-10 所示。

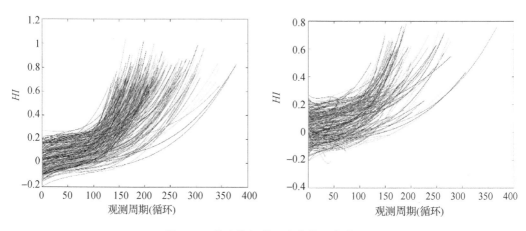

图 7-10 健康指标的三次曲线拟合结果

7.5.4 训练样本和测试样本构建

针对训练样本,利用 7.2.4 节中的滑动窗口方法,将窗口长度设定为 40 个窗格,构建健康指标时间序列样本,共有 43 619 个样本。以时间序列最后一点对应的剩余使用寿命作为标签,统计各标签对应的样本数量,如图 7-11 所示。可以看出剩余使用寿命短的样本数量较多,而剩余使用寿命长的样本数量较少。训练样本不均衡,这样会导致训练过拟合问题。为了解决这个问题,引入 7.3.2 节中提出的利用 KNN 确定训练样本权重的方法。

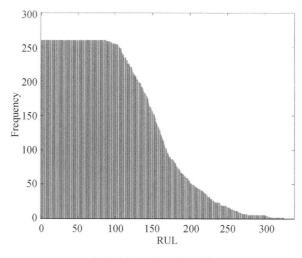

图 7-11 样本数量统计

对于测试样本,仅取每个曳引机最后 40 个健康指标作为一个序列样本来预测剩余使用寿命。对于时间数量不足 40 的测试样本,直接忽略,最后共组成测试样本 247 个。

7.5.5　评价指标

为了便于比较本章提出的剩余使用寿命预测方法与现有的一些方法的性能,本章采用平均绝对误差、均方误差及均方根误差进行度量。

平均绝对误差

$$MAE = \frac{1}{n} \sum_{i=1}^{n} \mid PT_i - RT_i \mid \tag{7-19}$$

均方误差

$$MSE = \frac{1}{n} \sum_{i=1}^{n} (PT_i - RT_i)^2 \tag{7-20}$$

均方根误差

$$RMSE = \sqrt{\frac{1}{n} \sum_{i=1}^{n} (PT_i - RT_i)^2} \tag{7-21}$$

其中,PT 表示剩余使用寿命预测值,RT 表示剩余使用寿命真实值,n 表示测试样本个数。以上三个评价指标值越小,说明预测精度越高。

7.5.6　预测结果

实验采用两种方式进行。一是直接利用训练样本集的 21 个原始传感器数据作为特征向量,以对应的剩余使用寿命作为标签构成训练数据集,以测试样本最后一个观测周期的 21 个传感器数据作为测试数据集。分别利用多层 LSTM 和多层 BLSTM 网络,在Kears 环境中搭建如表 7-1 所示的网络结构,配合 MSE、MAE 及 Huber 三个损失函数进行剩余使用寿命的预测,预测结果见表 7-2。可以看出,在预测网络结构相同的情况下,使用 Huber 损失函数的精度最好。相同损失函数下,BLSTM 网络的预测精度不如LSTM,这是因为 21 个传感器数据之间不存在因果关系,双向移动网络反而会造成过拟合问题,效果不佳。

表 7-1　预测网络结构

层级	类型
1	LSTM/BLSTM(32)
2	Dropout(0.5)
3	LSTM/BLSTM(32)
4	Dropout(0.5)
5	LSTM/BLSTM(32)
6	Dense(1)

表7-2　直接利用 21 个传感数据预测剩余使用寿命

序号	方法	*MAE*	*MSE*	*RMSE*
1	LSTM-MSE	22.455 5	933.225 7	30.548 7
2	LSTM-MAE	22.766 7	932.930 9	30.543 9
3	LSTM-Huber	**21.966 8**	**927.955 1**	**30.462 4**
4	BLSTM-MSE	23.613 0	954.998 6	30.903 1
5	BLSTM-MAE	24.073 4	993.783 4	31.524 3
6	BLSTM-Huber	22.620 6	928.438 5	30.470 3

　　二是利用本章提出的健康指标时间序列进行剩余使用寿命预测,预测网络结构见表7-1,剩余使用寿命预测结果见表7-3。需要说明的是,表7-2中第1至6种方法没有进行训练样本的权重赋值。在表7-3的7种方法中,本章提出的预测方法精度最好。同时也能看出,相同损失函数下,BLSTM 的预测精度优于 LSTM。这是因为输入的健康指标时间序列,前后存在一定的退化关系,所以双向移动网络的优势就能体现出来。最后,将测试数据集的剩余使用寿命预测结果按照真实值的大小排序,如图 7-12 所示。

表7-3　7 种基于健康指标融合的剩余使用寿命预测方法对比

序号	方法	*MAE*	*MSE*	*RMSE*
1	LSTM-MSE	20.545	824.992	28.723
2	LSTM-MAE	20.641	815.211	28.552
3	LSTM-Huber	19.839	778.254	27.897
4	BLSTM-MSE	21.318	782.485	27.973
5	BLSTM-MAE	20.936	779.924	27.927
6	BLSTM-Huber	19.330	693.593	26.336
7	本章方法	**19.173**	**669.194**	**25.869**

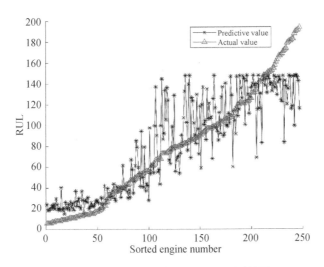

图 7-12　测试数据集曳引机 RUL 预测结果

7.6　本章小结

＊＊＊＊＊＊＊＊＊＊＊＊＊＊

　　本章提出了一种多工况设备剩余使用寿命预测方法,首先给出了多工况条件下的传感器数据的标准化方法,降低工况变化对传感器数据的波动影响;其次提出了一种健康指标融合方法,将多个传感特征融合成一个健康指标,该指标可以体现设备全寿命周期内的劣化趋势;接着提出了一种基于 KNN 的训练样本权重赋值方法,降低由于训练样本不均衡导致的过拟合问题;最后搭建多层 BLSTM 网络预测测试样本的剩余使用寿命,并在训练网络中添加了改进的 Huber 损失函数。以曳引机仿真数据验证了本章提出的方法,实验结果表明,本章提出的剩余使用寿命预测方法针对多工况设备具有很好的预测效果。

　　本章提出的剩余使用寿命预测方法还存在一些有待进一步优化的参数,比如滑动窗口的长度、Huber 损失函数中 λ 参数,这些参数对预测精度有直接的影响,如何确定这些参数的最优值以及参数最优值自适应方法等还有待进一步研究。另外,具有多故障模式的设备也较常见,这类设备的剩余使用寿命预测也是下一步研究的内容。

多工况多故障模式电梯曳引机剩余使用寿命迁移预测

8.1 引 言

＊＊＊＊＊＊＊＊＊＊＊＊＊＊＊

曳引机作为电梯的心脏,直接影响电梯的可靠性。剩余使用寿命预测一直是研究的热点,因为曳引机存在工况多、故障模式多、带标定的训练样本少等问题,所以对曳引机的准确预测非常困难。随着产品的更迭,在没有足够多的训练样本的情况下,迁移学习成为解决曳引机剩余使用寿命预测的一条有效途径。它可以实现不同分布的两类样本的有效信息的迁移使用,从而解决样本获取难的问题。

对于复杂设备而言,由于故障机理复杂,故障模式多,而基于数据驱动的方法可以通过机器学习建立运行数据与退化状态之间的自学习模型,无需研究退化机理,也无需大量的先验知识,已成为研究剩余使用寿命预测的热门方法。深度学习是当前比较流行的剩余使用寿命预测方法,可以自动从传感器数据中提取敏感特征,建立回归关系并进行剩余使用寿命预测,相对于基于模型的方法,不需要建立复杂的数学模型,而且预测精度更高。但深度学习在剩余使用寿命预测方面还存在一些限制:(1)训练和测试数据必须具有相同的分布类型,即工况相同;(2)必须具有大量带标签的数据作为训练数据。如果超越这两个条件,深度学习的优势就难以发挥出来。

事实上,带标签的训练数据通常需要投入大量的物力和时间才能获取,而且曳引机的工况多样,很难预知数据分布类型。因此,一些迁移学习方法也逐渐被引入多工况设备的剩余使用寿命预测中。迁移学习方法分为以下几类:(1)源域和目标域特征挑选或域间转化;(2)采用带迁移功能的网络;(3)采用半监督形式;(4)传递训练好的网络参数;(5)无监督方式。

曳引机的剩余使用寿命预测实质是时间序列回归问题,但存在以下问题:(1)工况多变,不同工况下传感器数据分布类型不一致;(2)带标签的训练数据很难获取,尤其是新曳引机。因此,如果利用经典的深度学习方法,难以发挥其优点。即使有训练好的网络参数可以转化,但因为缺乏带标签的测试数据,同样无法达到好的预测结果。在没有带标签的测试数据的前提下,也很难进行特征的域间转化。本章提出了一种健康指标融合方法,将多个传感器数据融合成一个健康指标,并利用该指标建立时间序列用于剩余使用寿命预测。受生成对抗网络思想启发,建立了一个由特征提取器、非线性回归器、域辨别器组成的曳引机剩余使用寿命深度预测模型。首先,利用带标签的源域数据训练由特征提取器和非线性回归器组成的训练网络;其次,给源域数据和目标域数据指定域标签,利用训练后的特征提取器分别提取源域和目标域数据特征,将提取后的特征和指定的域标签输入域辨别器,训练辨别器,使其可以尽可能准确地识别出数据的域标签;再次,将目标域的标签改成源域标签,输入由训练好的特征提取器和鉴别器组成的网络,固定辨别器只训练特征提取器,让目标域数据特征接近源域特征的分布;最后,将目标域数据输入由训练过的特征提取器和非线性回归器组成的网络预测曳引机的剩余使用寿命。

8.2　一维时间序列数据的构建

实验表明,在相同的深度学习网络结构下,训练样本数据维度越高,所需的训练时间就越长。为了提高深度学习网络的效率,降低网络训练时间,本章采用一维时间序列数据作为训练和测试样本。一般情况下,曳引机的状态监测数据往往由多种传感器的数据组成,数据维度可以达到几十甚至上百,因此需要对原始监测数据进行降维处理。

8.2.1　数据融合

主成分分析法(PCA)是最常用的线性降维方法,尤其对于高维数据,PCA 的计算速度相对于其他非线性降维方法具有明显优势。如 KPCA、t-SNE 等方法虽然可以更多地保留数据的特征,但对于高维数据的计算效率低下,耗时是 PCA 的百倍,内存占用大,且容易出现降维结果是局部次优解而不是最优解的问题。PCA 在将高维数据降成一维数据时,容易出现特征丢失问题,即第一主成分贡献率不高的问题,为此本章提出了一种数据融合方法。

为了使数据融合后的指标(HI)能够反映曳引机性能的退化趋势,本章设计了一种以时间为变量的指标 HI 的定义方法:

$$HI_k^i = \begin{cases} 0, & k \leqslant 1\%T_i \\ \exp\left(\dfrac{\log(0.01)}{0.99T_i}(T_i - k)\right), & 1\%T_i < k < 99\%T_i \\ 1, & k \geqslant 99\%T_i \end{cases} \tag{8-1}$$

其中,HI_k^i表示第i个曳引机在k时刻的状态指标,T_i为第i个曳引机的使用寿命,k为曳引机状态监测时刻。

当曳引机是新品,即$k=0$时,$HI=0$;随着服役时间的增加,曳引机的HI值不断增加,最终,在曳引机失效时刻,$HI=1$。

为了使设计的指标包含曳引机的监测数据特征,本章建立了一个线性加权模型:

$$HI_k^i = \omega_0 + \sum_{n=1}^{N} \omega_n x_{k,n}^i \tag{8-2}$$

其中,$(x_{k,1}^i, x_{k,2}^i, \cdots, x_{k,N}^i)$为$k$时刻第$i$个曳引机的$N$个传感监测值,$(\omega_1, \omega_2, \cdots, \omega_N)$表示$N$个传感器数据的权重,$\omega_0$是常数。

在有带标签的训练样本的情况下,即已知每台曳引机的全寿命和每个时刻的传感监测数据,可以利用最小二乘法求解得到$(\omega_0, \omega_1, \cdots, \omega_N)$的估计值为$(\hat{\omega}_0, \hat{\omega}_1, \cdots, \hat{\omega}_N)$。然后将$(\hat{\omega}_0, \hat{\omega}_1, \cdots, \hat{\omega}_N)$再次代入式(8-2)计算出训练样本和测试样本的融合指标值:

$$\widehat{HI}_k^i = \hat{\omega}_0 + \sum_{n=1}^{N} \hat{\omega}_n x_{k,n}^i \tag{8-3}$$

8.2.2　时间序列的构建

研究表明,时间序列数据更能体现设备性能的退化趋势,是进行剩余使用寿命预测的常用数据。为了构造时间序列样本,本章采用滑动窗口技术,时间窗口长度取值为40个窗格,每次向前滑动1个窗格,从而形成若干训练样本,如图8-1所示。理论上,时间窗口的取值越大,效果越好,但是会增加预测计算时间。研究表明,当时间窗口超过40个窗格以后,效果增加就不明显了。所以本章取时间窗口长度为40个窗格。

每次向前滑动一格

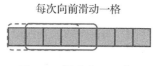

图8-1　滑动窗口示意图

时间序列样本建成后,还要为每个时间序列附上标签,以便后续进行网络训练。本章以时间序列最后一个时间点对应的剩余使用寿命作为该序列的标签值。例如,第1个时间序列样本的标签值为T_i-40,第2个时间序列样本的标签值为T_i-41,以此类推。

8.3　动态对抗域自适应迁移网络

* *

8.3.1　迁移学习

常规的机器学习算法大多基于训练数据集和测试数据集属于同一分布的假设。迁移学习可以改善常规机器学习在训练数据集和测试数据集不同分布情况下的预测效果，尤其对于测试数据集仅有少量带标签测试数据的情况，迁移学习方法的预测效果要好于常规的机器学习算法。

由于曳引机型号多、工况多，采集每种型号和每种工况情况下曳引机的全寿命状态传感器数据是不现实的，因此，利用已有的训练数据和少量带标签的测试数据来预测测试数据集的剩余使用寿命是本章要解决的问题。

假设迁移学习的源域为带标签的训练数据集，记

$$D_S = \{(x_1^S, y_1^S), (x_2^S, y_2^S), \cdots, (x_m^S, y_m^S)\} \tag{8-4}$$

其中，$x_i^S (i=1,2,\cdots,m)$ 表示训练数据集第 i 个指标 HI 时间序列，y_i^S 表示第 i 个指标 HI 时间序列对应的剩余使用寿命。

测试数据集即为迁移学习的目标域，即

$$D_T = \{(x_1^T, \hat{y}_1^T), (x_2^T, \hat{y}_2^T), \cdots, (x_n^T, \hat{y}_n^T)\} \tag{8-5}$$

其中，$x_i^T (i=1,2,\cdots,n)$ 表示测试数据集第 i 个指标 HI 时间序列，$\hat{y}_i^T$ 表示待评估的第 i 个指标 HI 时间序列对应的剩余使用寿命。

迁移学习的任务可以定义为

$$T = \{\hat{y}^T, f\} \tag{8-6}$$

其中，f 表示剩余使用寿命预测模型。

8.3.2　曳引机剩余使用寿命预测模型

曳引机剩余使用寿命预测模型由多层双向 LSTM 和非线性回归模型组成。LSTM 是一种 RNN 网络的变体，可以解决 RNN 网络的梯度消失或梯度爆炸的问题。采用双向 LSTM 的目的是提取时间序列的特征。按时间维度可展开成下式：

$$h^{(t)} = f(h^{(t-1)}, x^{(t)}; \omega) \tag{8-7}$$

其中，$x^{(t)}$ 为 t 时刻输入的时间序列；$h^{(t)}$ 为 t 时刻的网络输出，即提取的特征；ω 为网络内部参数。

LSTM 在 RNN 隐藏层的神经节点中增加了一种记忆单元来记录历史信息,并增加了三种门(Input、Forget、Output)来控制历史信息的使用。特征提取的过程公式如下:

$$i_t = \sigma(W_{xi}x_t + W_{hi}h_{t-1} + W_{ci}c_{t-1} + b_i) \tag{8-8}$$

$$f_t = \sigma(W_{xf}x_t + W_{hf}h_{t-1} + W_{cf}c_{t-1} + b_f) \tag{8-9}$$

$$c_t = f_t c_{t-1} + i_t \sigma(W_{xc}x_t + W_{hc}h_{t-1} + b_c) \tag{8-10}$$

$$o_t = \sigma(W_{xo}x_t + W_{ho}h_{t-1} + W_{co}c_t + b_o) \tag{8-11}$$

$$h_t = o_t \sigma(c_t) \tag{8-12}$$

其中,i、f、c、o 分别表示输入门、遗忘门、单元状态、输出门,W 和 b 为对应的权重系数矩阵和偏置向量,σ 为激活函数。曳引机性能的退化对时间具有较强的依赖性。数据变换不仅与之前的时间有关,而且与后续的时间也有关。BLSTM 是在 LSTM 的基础上优化而来的,具备双向传播能力,可以同时提取前后时间的信息。本章所建立的 BLSTM 结构如图 8-2 所示。

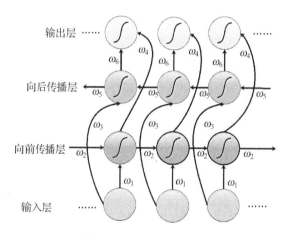

图 8-2 BLSTM 结构图

在向前传播层从时刻 1 到时刻 t 正向计算一遍,得到并保存每个时刻向前隐含层的输出。在向后传播层沿着时刻 t 到时刻 1 反向计算一遍,得到并保存每个时刻向后隐含层的输出。最后在每个时刻结合向前传播层和向后传播层的相应输出结果,通过线性组合获得最终结果,计算公式如下:

$$h_t = f(\omega_1 x_t + \omega_1 h_{t-1}) \tag{8-13}$$

$$h'_t = f(\omega_3 x_t + \omega_5 h'_{t-1}) \tag{8-14}$$

$$o_t = g(\omega_4 h_t + \omega_6 h'_t) \tag{8-15}$$

其中,g 表示将时刻 t 的正向预测和反向预测进行融合后的输出。

将多层 BLSTM 所提取的时间序列特征 $g^{(t)}$ 输入由全连接神经网络构成的非线性回归模型,经过拟合就可以得到曳引机的剩余使用寿命预测值:

$$\hat{y}^{(t)} = f(g^{(t)}; \theta) = \sigma(W^R g^{(t)} + b^R) \tag{8-16}$$

其中,θ 表示全连接神经网络内部节点参数,包含回归模型的权重参数 W^R 和偏执项 b^R。

8.3.3　动态域自适应网络框架

本章提出的动态域自适应网络框架如图 8-3 所示,包含以下四个步骤。

(1)利用带标签的训练集训练剩余使用寿命预测模型。剩余使用寿命预测模型由特征提取器 F_S 和非线性回归器 R 组成。其中,特征提取器由三层 BLSTM 网络构成,节点数分别为(64,32,32)。非线性回归器由两层全连接层[节点数分别为(64,32)],以及一层输出层组成。非线性回归器的输入为特征提取器提取的时序特征,输出为曳引机的预测使用寿命。剩余使用寿命预测模型训练的目标损失函数为

$$\min L_P(X^S,Y^S)=E_{(x^S,y^S)\sim(X^S,Y^S)}\,|\,y^S-R(F(x^S))\,| \tag{8-17}$$

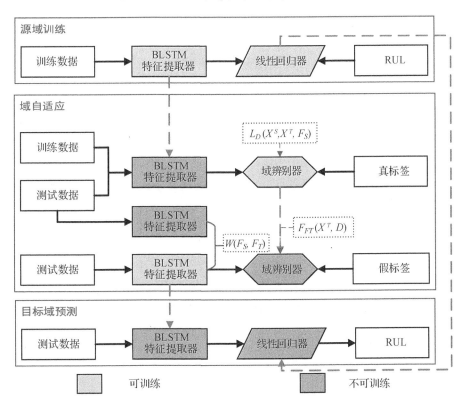

图 8-3　动态域自适应风网络框架

(2)训练辨别器。在此过程中,分别将训练数据集和测试数据集输入步骤(1)中训练好的 BLSTM 特征提取器 F_S,提取的特征结果附上各自的标签,训练集标签为 0,测试集标签为 1;输入辨别器 D,只训练辨别器,不训练特征提取器,使得辨别器可以区分输入的数据来自训练集还是测试集。训练辨别器的目标损失函数如下:

$$minL_D(X^S, X^T, F_S) = E_{x^S \sim x^S}[\log D(F_S(x^S))] + E_{x^T \sim x^T}[\log(1 - D(F_S(x^T)))] \quad (8\text{-}18)$$

（3）训练特征提取器。辨别器训练完成后，将测试数据集输入由特征提取器和辨别器组成的域识别网络，此过程只训练特征提取器，不训练辨别器，目的是让测试数据集的特征映射到训练数据集的特征空间。利用步骤（2）中训练好的辨别器，将测试数据集的标签设定为0，欺骗辨别器，让辨别器认为数据来自训练数据集，从而训练特征提取器，训练后的特征提取器记为 F_T。

训练特征提取器的目标损失函数如下：

$$minL_{F_T}(X^T, D) = E_{x^T \sim x^T}[\log D(F_T(x^T))] \quad (8\text{-}19)$$

（4）剩余使用寿命预测。利用步骤（3）中训练好的特征提取器和步骤（1）中训练好的非线性回归器组成预测网络，输入测试数据，预测曳引机的剩余使用寿命。

式（8-19）的目标损失函数是典型的生成对抗网络的损失函数。本章所提出的域自适应网络不同于典型的生成对抗网络，不是直接由随机数生成类似于源域的数据，而是将目标域数据通过特征提取，使提取的特征和目标域提取的特征具有相同的分布类型。如果直接采用式（8-19）的损失函数，在训练不足或过度训练情况下都会加大提取的特征与源域特征的分布偏差，而且最优的训练次数是很难确定的。为此，本章引入 Wasserstein 距离作为保持目标域与源域特征结构的限制指标。Wasserstein 距离的计算公式如下：

$$W(F_S, F_T) = \inf E[\parallel F_S(x^T) - F_T(x^T) \parallel] \quad (8\text{-}20)$$

其中，$\parallel F_S(x^T) - F_T(x^T) \parallel$ 为 x^T 分别采用 F_S 特征提取器和 F_T 特征提取器提取的特征之间的距离。

修正之后的特征提取器的目标损失函数如下：

$$minL_P = L_{F_T}(X^T, D) + \lambda W(F_S, F_T) \quad (8\text{-}21)$$

其中，λ 为权重系数，本章在原有损失函数中加入 Wasserstein 距离的目的是使 F_T 特征提取器提取的特征值与 F_S 特征提取器提取的特征值保持一定的相似性，避免 F_T 特征提取器在训练过程中产生过大的偏差。λ 值越大，F_S 与 F_T 提取的特征越接近，本章取 $\lambda = 0.3$。

8.4　实验验证
＊＊＊＊＊＊＊＊＊＊＊＊＊＊

本章实验数据来自曳引机仿真数据集，该数据集每次采样记录曳引机的 21 个传感器数据和由不同速度、载荷以及测试环境（温度、湿度）决定的状态参数。数据集包含 4

个子数据集(FD001~FD004),每个子数据集均有一个测试集和训练集,训练集数据记录了曳引机从正常运行到失效过程的完整数据,测试集数据为曳引机失效前的若干循环数据。4 个数据集的有关情况见表 8-1。

表 8-1　曳引机数据集　　　　　　　　　　　　　　　单位:个

数据集	工况数	故障模式数	训练曳引机数	测试曳引机数
FD001	1	1	100	100
FD002	6	1	260	259
FD003	1	2	100	100
FD004	6	2	248	249

8.4.1　数据处理

按照前文提出的曳引机健康指标时间序列构建方法,首先将曳引机每个测量时间点的 21 个传感器数据利用式(8-3)融合成一个健康指标,然后利用滑动窗口技术,取窗口长度为 40 个窗格,构建所有数据集的健康指标时间序列,以指标序列最后一个指标对应的剩余使用寿命作为指标序列的标签,每个时间序列以及对应的标签作为一个样本,最后形成的样本数量见表 8-2。需要说明的是,表中的样本数量剔除了观测时间点少于 40 的曳引机。

表 8-2　数据处理后每个数据集的样本数量　　　　　　　单位:个

数据集	训练样本数	测试样本数
FD001	16 731	9 211
FD002	43 619	23 999
FD003	20 820	12 697
FD004	51 538	31 725

8.4.2　评价指标

为了便于比较本章提出的剩余使用寿命预测方法与现有的一些方法的性能,本章采用平均绝对误差、均方根误差进行度量。

平均绝对误差:

$$MAE = \frac{1}{n}\sum_{i=1}^{n}\mid y_i - \hat{y}_i \mid \tag{8-22}$$

均方根误差：

$$RMSE = \sqrt{\frac{1}{n}\sum_{i=1}^{n}(y_i - \hat{y}_i)^2}$$
(8-23)

其中，$\hat{y}_i$ 表示剩余使用寿命预测值，y_i 表示剩余使用寿命真实值，n 表示测试样本个数。

以上两个评价指标值越小，说明预测精度越高。

8.4.3 不同健康指标预测比较

为了验证本章提出的曳引机健康指标的预测效果，利用 PCA 方法将曳引机的 21 个传感器数据降维成 1 个健康特征，同样利用长度为 40 个窗格的滑动窗口构建健康指标序列。搭建如表 8-3 所示的深度预测网络，包含特征提取器和剩余使用寿命预测器。特征提取器由 3 层 BSLTM 组成，剩余使用寿命预测器由两层全连接层组成。分别将 FD001、FD002、FD003、FD004 四个数据集的训练数据输入建好的网络训练，训练次数为 300 次，每次训练样本数为 256，然后用测试数据进行测试，结果见表 8-4。

表 8-3　深度预测网络结构

组成	层	输入	输出
特征提取器	BLSTM	(1, 40)	(1, 128)
	Dropout (0.3)	(1, 128)	(1, 128)
	BLSTM	(1, 128)	(1, 64)
	Dropout (0.3)	(1, 64)	(1, 64)
	BLSTM	(1, 64)	(64)
剩余使用寿命预测器 （线性回归器）	Fully connection	(64)	(64)
	ReLU (Activation)	(64)	(64)
	Fully connection	(64)	(32)
	ReLU (Activation)	(32)	(32)
	Output	(32)	1

表 8-4　剩余使用寿命预测评价指标

数据集	PCA		本章提出的方法	
	MAE	*RMSE*	*MAE*	*RMSE*
FD001	26.260	36.841	**24.043**	**34.981**
FD002	57.104	72.183	**28.998**	**39.605**
FD003	43.594	62.034	**40.686**	**58.752**
FD004	82.871	109.327	**50.041**	**71.282**

从表 8-4 明显可以看出,本章提出的健康指标时间序列的预测效果要好于利用 PCA 降维得到的健康指标。将四个测试数据集中,每个曳引机最后一个时间序列的预测结果画成曲线,如图 8-4 所示。需要说明的是,图中的曲线是按照曳引机真实剩余使用寿命由小到大排序后的结果。

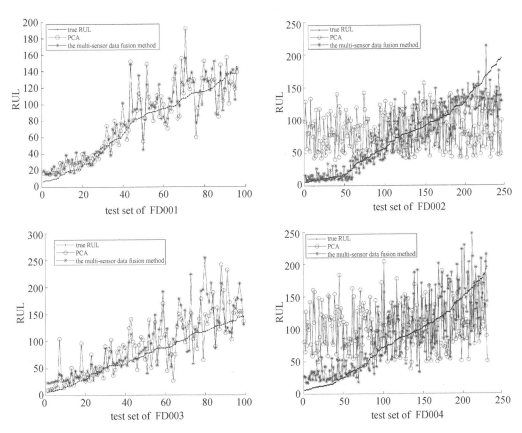

图 8-4　测试数据集预测结果

本章提出的健康指标在多工况条件下(FD002、FD004)的表现效果更好。

8.4.4　域自适应实验

本节主要是通过实验结果验证本章提出的域自适应寿命预测方法。训练数据集和测试数据集都选择工况和故障模式不同的两个数据集进行验证。实验所用网络结构如图 8-3 所示,其中,特征提取器和剩余使用寿命预测器同表 8-3。域辨别器由两层全连接层组成,具体结构见表 8-5,其中输出层使用了 sigmoid 激活函数。

表 8-5　域辨别器网络结构

域辨别器	Fully connection	（64）	（64）
	ReLU（Activation）	（64）	（64）
	Fully connection	（64）	（32）
	ReLU（Activation）	（32）	（32）
	Output	（32）	1

利用 FD001、FD002、FD003、FD004 四个数据集,源域数据和目标域数据是来自不同数据集的训练数据和测试数据,共 12 种组合。每个实验分别采用:(1)源域训练好的网络直接预测,网络结构同表 8-3;(2)本章提出的域自适应网络搭配经典 GAN 损失函数;(3)本章提出的域自适应网络搭配本章提出的损失函数三种方法进行剩余使用寿命预测。每个实验进行 30 次,取均值评价指标结果,见表 8-6。

表 8-6　域自适应实验结果

源域	目标域	MAE			RMSE		
		不迁移	GAN	本章方法	不迁移	GAN	本章方法
FD001	FD002	102.973	**74.688**	85.292	121.119	**91.9474**	101.878
	FD003	82.962	100.588	**63.882**	123.454	131.318	**89.770**
	FD004	135.727	**107.624**	120.819	161.581	**135.947**	147.929
FD002	FD001	26.882	86.206	**24.276**	36.766	105.114	**31.400**
	FD003	57.537	55.136	**50.854**	75.771	73.257	**68.015**
	FD004	55.3894	74.188	**55.140**	72.528	90.668	**72.234**
FD003	FD001	37.220	36.284	**30.769**	48.217	43.544	**28.642**
	FD002	80.182	83.634	**70.650**	97.724	100.121	**87.378**
	FD004	124.685	127.542	**108.913**	151.875	154.181	**137.022**
FD004	FD001	35.927	35.681	**30.345**	46.428	47.376	**42.817**
	FD002	33.521	52.680	**30.353**	42.428	63.253	**40.265**
	FD003	42.841	40.160	**35.072**	60.882	58.055	**55.532**

从表 8-6 可以看出,虽然采用的网络结构相同,但由于损失函数不同,预测结果区别很大。本章提出的损失函数具有明显优势,而采用经典损失函数,预测效果不稳定,有的甚至出现负迁移的情况。将每种组合的测试数据集的每个曳引机最后一个时间序列的预测结果画成曲线,如图 8-5 所示。同样地,图中的曲线是按照曳引机真实剩余使用寿命由小到大排序后的结果。

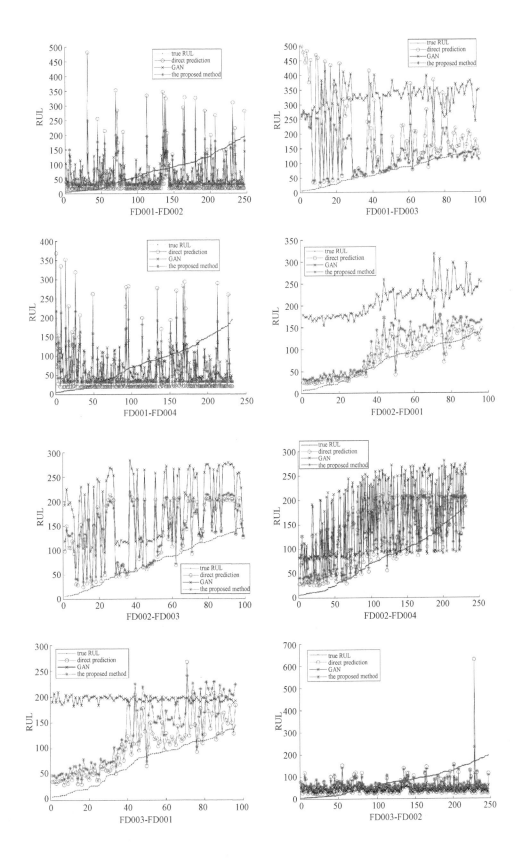

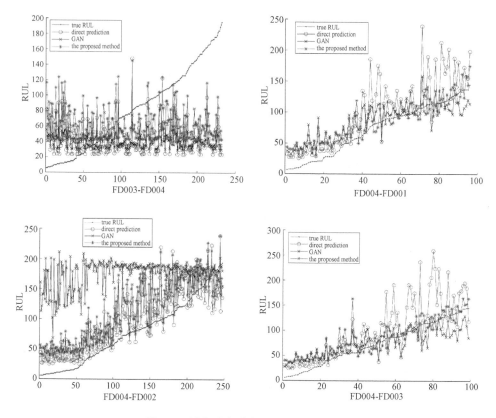

图 8-5 域自适应剩余使用寿命预测结果

从图 8-5 可以看出,整体上,本章提出的剩余使用寿命预测方法具有很好的预测效果,但是在源域工况少而目标域工况多的情况下,预测结果偏差较大,比如 FD001-FD002、FD001-FD004、FD003-FD002、FD003-FD004 这四种组合。反之,在源域工况多而目标域工况少的情况下,预测效果要好很多。

8.4.5 有微调实验结果

实际上,曳引机往往会存在少量带标签的数据样本的情况,如果只用少量训练数据进行剩余使用寿命预测,效果肯定不理想。如果利用其他曳引机数据训练好的网络,再输入少量训练数据对原网络进行再训练,可以达到更好的预测效果。为此,本节继续8.4.4 节的实验,分别从目标域对应的训练数据集中选择前 5 个曳引机的数据作为小样本训练数据,对 8.4.4 节训练好的网络进行再训练,并再次预测测试数据集的剩余使用寿命,结果见表 8-7。

表 8-7　少量带标签训练数据序列微调结果

源域	目标域	MAE			RMSE		
		不迁移微调	迁移微调	直接用少量	不迁移微调	迁移微调	直接用少量
FD001	FD002	56.516	**47.083**	60.460	71.461	**59.206**	76.195
	FD003	58.958	52.288	**46.637**	87.245	82.092	**67.622**
	FD004	47.888	**46.649**	46.773	69.942	**68.891**	67.915
FD002	FD001	26.586	**23.083**	33.703	35.866	**30.022**	48.865
	FD003	55.022	**48.482**	61.546	72.611	**65.050**	87.488
	FD004	54.531	**52.851**	59.226	70.396	**68.549**	78.492
FD003	FD001	36.238	**28.981**	34.185	46.866	**26.738**	46.341
	FD002	57.053	**55.520**	62.174	**71.927**	73.850	78.328
	FD004	**80.586**	81.174	81.725	105.816	**105.698**	107.023
FD004	FD001	34.786	**28.533**	39.271	44.937	**41.044**	52.376
	FD002	31.405	**27.920**	35.168	41.671	**38.154**	47.182
	FD003	40.428	**36.656**	46.337	60.211	**47.993**	67.638

从表 8-7 可以看出,利用训练好的网络加入少量带标签的数据再训练后的剩余使用寿命预测效果比单纯用少量标签数据预测的效果好,当然也比原来的网络训练效果好。

8.5　本章小结

* * * * * * * * * * * * * * *

本章提出了一种数据融合的曳引机健康指标计算方法。实验结果显示,利用该健康指标进行剩余使用寿命预测的效果要好于运用 PCA 方法融合的健康指标。针对曳引机缺少带标签的数据的剩余使用寿命预测问题,建立了一个由特征提取器、非线性回归器、域辨别器组成的曳引机域自适应剩余使用寿命深度预测模型。为了提高网络预测的鲁棒性,本章提出了一种加权损失函数。实验结果表明,本章提出的曳引机预测方法具有很好的预测效果。需要说明的是,本章提出的剩余使用寿命预测方法属于一种迁移学习方法,但没有与其他现有的预测方法进行比较,主要因为深度学习网络的各种参数设定对预测结果影响很大,如果仅从预测结果判断本章提出的方法与现有其他剩余使用寿命预测方法的优劣,没有实际意义。本章没有对各种网络参数进行深入的优化,仅仅提出了一种域自适应剩余使用寿命预测思想。从实验结果也能看出,本章提出的预测方法在利用工况少的训练数据预测工况多的测试数据时,效果还不够理想,这也是我们下一步研究要解决的问题。

第9章

跨工况自适应剩余使用寿命预测

9.1 引 言

＊＊＊＊＊＊＊＊＊＊＊＊＊＊

剩余使用寿命预测在工业领域具有重要意义,关系到设备的维修成本和使用可靠度。剩余使用寿命预测方法包括数学模型法、数据驱动法以及二者混合的方法[105]。当前,随着制造技术的不断发展,出现了很多大型复杂设备。复杂设备的故障机理不易分析,建立退化过程数学模型是非常困难的,因此数学模型法在大型复杂设备的剩余使用寿命预测上面临着诸多挑战。随着传感器技术和机器学习算法的进步,数据驱动法越来越多地被用于实际工程中。

深度学习最初被用于图像识别领域,后来被引入剩余使用寿命预测中。剩余使用寿命预测属于回归分析问题,为了更好地用于解决回归分析问题,很多研究都提出了相应的改进方法。文献[116]提出了一种具有确定性和随机参数的广义非线性退化模型框架下的在线剩余使用寿命预测方法。文献[117]针对在训练样本不足的情况下,深度神经网络非常容易过拟合的问题,提出了一种基于孪生网络的健康状态预测方法。事实上,设备的退化过程非常复杂,仅用一种方法,适配性比较有限,尤其是面对多工况设备的剩余使用寿命预测,单纯一种深度学习方法很难取得较好的预测精度。

为了更好地贴合设备退化过程,许多分阶段模型及综合性方法也逐步出现在一些研究中。针对刀具各阶段磨损率不同,难以建立刀具寿命退化过程的机理模型,文献[118]提出了一种基于多支持向量回归融合的小样本剩余有用剩余使用寿命预测方法。在离线训练阶段,建立了由多个支持向量回归子模型组成的融合模型。为了获得最优的子模型参数,采用贝叶斯优化算法,并利用描述回归和预测性能的各种指标制定改进的优化目标。在在线预测阶段,提出了一种基于动态时间扭曲的自适应权重更新算法,对各子模型的适应度进行度量,并确定相应的权重值。

实际上,工业设备的工况都不止一个,有些设备的工况甚至是动态变化的,面对多工况设备的剩余使用寿命预测,很多研究也试图给出普适性的方法来解决多工况设备的剩余使用寿命预测问题。针对不同工况下滚动轴承剩余使用寿命预测,文献[119]提出了一种具有自注意机制的基于时间卷积的长短期记忆(TCLSTM)网络,从设备传感器数据中提取特征,并建立回归模型进行剩余使用寿命预测。时域卷积网络(TCN)用于特征提取。LSTM 和注意层用于学习提取特征之间的时间依赖性。全连通网络由密集层组成,用于建立剩余使用寿命预测模型。

对于深度学习算法来说,大量带有准确标签的样本数据是十分重要的前提条件,但是采集样本往往是一项十分困难的工作,需要付出大量的时间和精力,甚至经济成本,尤其是采集完备工况条件下的数据显得更加困难。针对这一问题,跨域迁移学习方法也出现在不少研究中。文献[120]提出了一种对抗回归域适应(ARDA)方法来应对这一挑战,在跨域剩余使用寿命预测中同时对齐了边缘分布和条件分布。首先,设计了一个回归视差差异来描述分布之间的不相似性,并推导出跨域预测的泛化界。在这个边界的指导下,ARDA 通过学习不可区分的特征,并考虑样本和预测任务之间的关系,有效地对齐边缘分布和条件分布。

迁移学习方法提高了跨域剩余使用寿命预测精度,但是还有一些问题需要进一步解决。(1)迁移学习方法继承了深度学习容易过拟合的缺点,常用的解决过拟合的方法(如 Dropout),对于回归问题,容易导致信息丢失,以及预测结果出现很大的偏差。(2)如果源域和目标域的分布差别较大,可能导致负迁移问题。(3)不同特征在不同工况及设备退化的不同阶段,以相同的权重参与迁移学习是不合理的。(4)很多研究给出的迁移学习目标函数往往是组合式的损失函数,各种子函数的权重依靠经验或者多次重复验证获得,缺少合理的依据。

为了解决这些问题,本章提出了一种自适应跨工况剩余使用寿命预测方法。首先,搭建了一种带残差结构的特征提取器,让原始数据在多层网络中间层与提取到的特征混合,从而防止训练过拟合;其次,构建了一种自适应特征选择器,可以根据不同工况及设备不同退化阶段,自动赋予每种特征权重,以保证有效特征更好地参与回归预测;最后,提出了一种两阶段训练策略,根据源域样本与目标域的相似程度赋予源域样本不同的权重值,以保证与目标域相似程度更高的样本以更大的权重参与知识迁移。

9.2 自适应迁移剩余使用寿命预测网络

* *

本章提出了一种自适应迁移剩余使用寿命预测方法,图 9-1 所示为自适应剩余使用寿命预测网络框架。

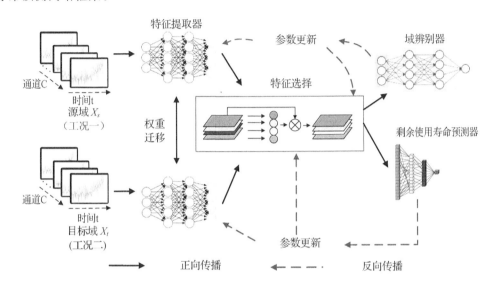

图 9-1 自适应剩余使用寿命预测网络框架

9.2.1 特征提取器

对于多通道传感器数据时间序列而言,包含时间和通道两个维度,构成了一个二维原始数据矩阵。多层卷积神经网络是一种通过拟生物大脑皮层结构而特殊设计的含有多隐层的人工神经网络,具有局部感知和参数共享两个特点。局部感知即卷积神经网络中每个神经元不需要感知全部二维矩阵,只对矩阵的局部子矩阵进行感知,然后在更高层将这些子矩阵的信息进行合并,从而得到原始矩阵的全部表征信息。不同层的神经单元采用局部连接的方式,即每一层的神经单元只与前一层部分神经单元相连。每个神经单元只响应感受野内的区域,完全不关心感受野之外的区域。这样的局部连接模式保证了学习到的卷积核对输入的空间局部模式具有最强的响应。本章提出的剩余使用寿命预测网络框架采用五层一维卷积网络。

为了解决梯度爆炸、梯度消失及网络退化等问题,本章在特征提取器内引入残差结构。该结构如图 9-2 所示,利用旁路连接的结构,使得反向传播能够跨层进行传播,从而解决在逐层计算过程中出现梯度爆炸或梯度消失的问题,提升网络性能。残差结构的输

入输出公式为

$$y = F(x) + x \tag{9-1}$$

其中，x,y 分别表示该结构的输入和输出，$F(x)$ 是输入 x 的残差映射。

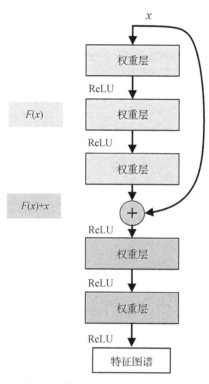

图 9-2　带残差结构的特征提取器

9.2.2　特征选择

对知识迁移来说，经过特征提取器提取到的多通道特征，在不同域中，每个通道的特征对于剩余使用寿命的敏感程度不同，因此，本章设计了一种特征权重自动赋值网络结构。它可以根据不同域条件下特征对于剩余使用寿命的敏感程度，自动给每个通道的特征附上权值，每种特征的权重在训练过程中自动更新。具体结构如图 9-3 所示。

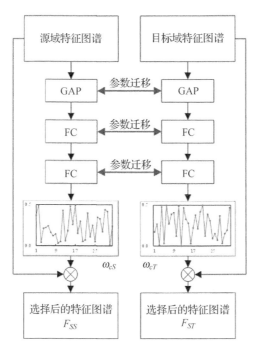

图 9-3　特征图谱选择结构

图 9-3 中,全局平均池化层(GAP)是一种压缩运算,两层全连接层作为激励运算。GAP 用来表示通道描述,两个全连接层用来生成特征通道的权值 ω_c,ω_c 表示相关通道对剩余使用寿命的敏感度。需要说明的是,ω_c 的维度与通道数相同。最终的选择特征由特征提取器提取到的特征图与 ω_c 相乘得到,公式如下:

$$F_s = \omega_c \sigma(W_2 \sigma(U_m, W_1)) \tag{9-2}$$

其中,F_s 表示挑选后的特征图谱,σ 表示激活函数 ReLU,W_1 和 W_2 分别表示两个全连接层的权重矩阵,U_m 表示经过 GAP 压缩后的通道特征平均值,具体计算如下:

$$U_m = \frac{1}{T} \sum_{t=1}^{T} u_m(t,c) \tag{9-3}$$

其中,T 表示时间序列的长度,u_m 表示特征提取器提取到的 $T \times c$ 维特征图谱,c 代表特征通道的数量。由于采用 ReLU 激活函数,当权重小于 0 时会被置为 0,代表相关的特征没有被选择迁移。

原始数据经过特征提取器提取到特征图谱之后,输入特征自动选择模块,经过这种自动控制机制,网络可以对同一域内不同健康状态做出响应,也可以根据不同域数据分布自适应选择权重,从而实现自动选择特征及域自适应。

9.2.3　基于对抗训练的域自适应

受 GAN 网络启发,本章引入对抗学习用于域自适应,具体实现步骤如下。

(1) 将源域数据提取到的特征图谱标记为 0,目标域数据得到的特征图谱标记为 1,输入辨别器进行训练,使得辨别器可以分辨数据来自源域还是目标域。

(2) 固定辨别器,将目标域的标签设定为 0,强制特征提取器和特征图谱权重赋值器产出与源域特征图谱同分布的特征,直到辨别器无法分辨数据来自哪里为止。

采用的目标函数如下:

$$\min_F \max_D V(F,D) = E_{x \sim P_S(x)}\big[\log(D(F(x)))\big] +$$
$$E_{z \sim P_T(z)}\big[\log(1 - D(F(z)))\big] \tag{9-4}$$

其中,x 代表源域数据,$P_S(x)$ 代表源域数据的分布,$F(x)$ 表示特征提取的结果,z 为目标域数据,$P_T(z)$ 表示目标域数据的分布,D 表示辨别器的输出,用以评估 $P_T(z)$ 和 $P_S(x)$ 之间的差异,E 表示期望值。

9.2.4　剩余使用寿命预测

为了进一步使特征提取器提取到通用特征,降低工况干扰,本章提出了两个剩余使用寿命预测器对抗训练结构,两个剩余使用寿命预测器由完全相同的两个全连接层网络组成。为避免训练出相同的网络参数,训练之前,进行随机初始化。具体步骤如下:

利用已知剩余使用寿命的源域数据训练每一个剩余使用寿命预测器,使得两个剩余使用寿命预测器都能尽可能准确地预测出源域数据的剩余使用寿命,预测过程可表达为式(9-5)。

$$y = f(WF_s + b) \tag{9-5}$$

其中,W 表示权重矩阵,b 是偏移变量,f 表示激活函数 ReLU。

9.2.5　训练步骤

源域样本与目标域样本个体的相似程度不一致,与目标域近似程度更高的样本,往往具有更好的迁移效果。所以,我们可以按照近似程度给源域中的样本赋予不同的权重,近似程度越高,权重越大。为此,本章制定了两步训练策略,步骤 1 主要用来计算权重,步骤 2 用来迁移训练。具体如下:

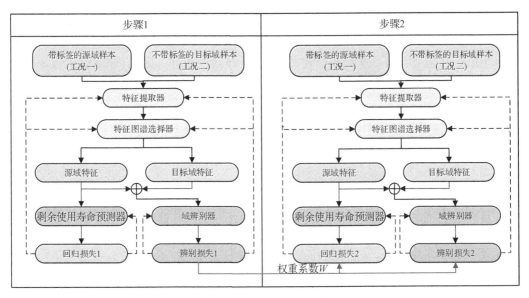

图 9-4　网络的训练步骤

步骤 1：将带标签的源域训练样本和目标域样本都分成两部分(本章从源域和目标域样本中,选择奇数序号的用于步骤 1,偶数序号的用于步骤 2),将第一部分的源域样本和目标域样本一同输入特征提取器、特征图谱选择器、剩余使用寿命预测器进行训练。目标是使剩余使用寿命预测器能够尽可能准确地预测出源域样本的剩余使用寿命,且辨别器能尽可能准确地分辨出样本是来自源域还是目标域。所以,本步骤中剩余使用寿命预测器的损失函数设定为

$$L_{REG1} = \frac{1}{n_{S1}} \sum_{i=1}^{n_{S1}} | \hat{y}_i^S - y_i^S |　\tag{9-6}$$

其中,n_{S1} 代表步骤 1 中参与训练的源域样本数,$\hat{y}_i^S$ 代表预测值,y_i^S 代表真实值。

本步只进行辨别训练,不进行对抗训练,目的是让辨别器可以分辨目标域和源域,所以,辨别器的损失函数设定为

$$L_{DIS1} = \frac{1}{n_{S1}} \sum_{i=1}^{n_{S1}} l_d(x_i^S) + \frac{1}{n_{T1}} \sum_{i=1}^{n_{T1}} l_d(x_i^T)　\tag{9-7}$$

其中,

$$l_d(x_i) = (1-g(x_i))\log(d(x_i)) - g(x_i)\log(d(x_i))　\tag{9-8}$$

g 代表真实标签,本章设定源域标签为 0,目标域标签为 1,所以 $g(x_i^S) = 0$,$g(x_i^T) = 1$。

$d(x_i)$ 表示辨别器的输出,即

$$d(x_i) = \frac{p_T(x_i)}{p_S(x_i) + p_T(x_i)}　\tag{9-9}$$

$d(x_i)$ 越接近于 1,说明 x_i 属于目标域的概率越大;$d(x_i)$ 越接近于 0,说明 x_i 属于源域的概率越大。因此,$d(x_i)$ 也可以视为 x_i 属于目标域的概率。对于源域数据来说,$d(x_i)$ 越大,代表它与目标域的相似程度越高,迁移效果越好。因此,本章设法将源域中与目标域更类似的样本的迁移权重设置得更高。定义权重为

$$\omega_i = \frac{\exp(d(x_i^S))}{\sum\limits_{i}^{n_{S2}} \exp(d(x_i^S))} \tag{9-10}$$

且 $\sum\limits_{i}^{n_{S2}} \omega_i = 1$。

步骤 2:将第二部分源域训练样本输入步骤 1 中训练好的网络,利用辨别器的输出结果计算每个样本的权重 ω_i。再将剩余部分源域样本和目标域样本输入网络进行第二次训练。为了使网络更加关注与目标域相似度高的样本,剩余使用寿命预测的损失函数设定为

$$L_{REG2} = \frac{1}{n_{S2}} \sum_{i=1}^{n_{S2}} \omega_i \mid \hat{y}_i^S - y_i^S \mid \tag{9-11}$$

辨别器的损失函数设定为

$$L_{DIS2} = \sum_{i=1}^{n_{S2}} \omega_i l_d(x_i^S) + \frac{1}{n_{T1}} \sum_{i=1}^{n_{T2}} l_d(x_i^T) \tag{9-12}$$

域自适应采用 9.2.3 节的损失函数进行。

9.3 曳引机剩余使用寿命预测实验验证

＊＊＊＊＊＊＊＊＊＊＊＊＊＊＊＊＊＊＊＊＊＊＊＊＊＊＊

本章实验数据来自曳引机仿真数据集,该数据集每次采样记录曳引机的 21 个传感器数据和由不同速度、载荷以及测试环境(温度、湿度)组合的状态参数。数据集包含 4 个子数据集(FD001～FD004),每个子数据集均有一个测试集和训练集,训练集数据记录了曳引机从正常运行到失效过程的完整数据,测试集数据为曳引机失效前的若干循环数据。4 个数据集的有关情况见表 9-1。

表 9-1　曳引机数据集　　　　　　　　　　　　　单位：个

数据集	工况数	故障模式数	训练曳引机数	测试曳引机数
FD001	1	1	100	100
FD002	6	1	260	259
FD003	1	2	100	100
FD004	6	2	248	249

9.3.1　数据处理

本章取曳引机的 21 个传感器数据作为原始数据，因为每种传感器测量结果的单位和数值范围不一致，所以本章首先对原始传感器数据进行归一化处理，将值限制在 $[0,1]$ 范围内，这里采用最大最小归一化方法，如式（9-13）。

$$\tilde{x}^{i,j} = \frac{x^{i,j} - x_{\max}^j}{x_{\max}^j - x_{\min}^j}$$
（9-13）

其中，$x^{i,j}$ 代表第 i 个样本第 j 种传感器数值，$x_{\max}^j$ 和 $x_{\min}^j$ 分别表示原始数据中第 j 种传感器数据的最大值和最小值。同样将每个样本的剩余使用寿命标签归一化到 $[0,1]$ 范围内。

归一化处理后，再利用滑动窗口，取窗口长度值为 40 个窗格，构建所有数据集的健康指标时间序列，即形成一系列 40×21 的矩阵样本，并以指标序列最后一行数据对应的剩余使用寿命作为指标序列的标签，每个时间序列以及对应的标签作为一个样本，最后形成的样本数量见表 9-2。需要说明是，表中的样本数量剔除了观测时间点少于 40 的曳引机。

表 9-2　数据处理后每个数据集的样本数量　　　　　　单位：个

数据集	训练样本数	测试样本数
FD001	16 731	9 211
FD002	43 619	23 999
FD003	20 820	12 697
FD004	51 538	31 725

为了验证所提出方法的知识迁移效果，使 FD001、FD002、FD003、FD004 四个数据集两两之间互为源域和目标域，组合验证本章方法的有效性，具体见表 9-3。表中的源域由相应数据集的训练样本组成，目标域由相应数据集的测试样本组成。

表 9-3　实验项目明细

任务	源域/目标域	工况数	故障模式
C12	FD001→FD002	1→6	1→1
C13	FD001→FD003	1→1	1→2
C14	FD001→FD004	1→6	1→2
C21	FD002→FD001	6→1	1→1
C23	FD002→FD003	6→1	1→2
C24	FD002→FD004	6→6	1→2
C31	FD003→FD001	1→1	2→1
C32	FD003→FD002	1→6	2→1
C34	FD003→FD004	1→6	2→2
C41	FD004→FD001	6→1	2→1
C42	FD004→FD002	6→6	2→1
C43	FD004→FD003	6→1	2→2

注:网络训练过程的输入为源域带标签的训练数据集和目标域不带标签的训练数据集,网络测试过程的输入为目标域测试数据集。

9.3.2　网络训练

本章所搭建的网络结构及具体参数见表 9-4。特征提取器采用 5 层一维卷积结构,为了解决训练过程中的梯度消失和过拟合问题,加入了残差块和 dropout 层。特征提取器的输入尺寸为 40×21,输出尺寸为 40×32,即从 21 通道的传感器数据中提取出 32 维特征。特征选择器由一个 GAP 层、两个全连接层和一个乘积层构成,GAP 层负责将输入的 40×32 特征压缩成 1×32 特征,两个全连接层作为激活层,采用 ReLU 激活函数的目的是将权重小于 0 的特征全部赋值为 0,意味着该特征不参与迁移。最后的乘积层将特征提取器提取出的特征与权重相乘,得到被选择后的特征图谱(40×32)。域辨别器由 5 层一维卷积层构成,最后一层的激活函数 Sigmoid 为了将输出值限制在 [0,1] 内,接近于 0 的属于源域,接近于 1 的属于目标域。剩余使用寿命预测器由 3 层全连接层组成。

表 9-4　网络结构及具体参数

模块	层	隐藏层尺寸	步幅	核数量	激活函数	输出尺寸
特征提取器	Conv1	4	1	64	LeakyReLU	40×64
	Conv1	4	1	128	LeakyReLU	40×128
	Conv1	4	1	64	LeakyReLU	40×64
	Residual block	—	—	—	—	40×64
	Conv1	3	1	16	ReLU	40×16
	Conv1	2	1	32	ReLU	40×32
特征选择器	GAP	—	—	—	—	1×32
	FC	64	—	1	ReLU	1×64
	FC	32	—	1	ReLU	1×32
	Multiply	—	—	—	—	40×32
域辨别器	Conv1	4	2	3	LeakyReLU	19×3
	Conv1	4	2	3	LeakyReLU	8×3
	Dropout	—	—	—	—	8×3
	Conv1	4	2	3	LeakyReLU	3×3
	Conv1	3	2	3	LeakyReLU	1×3
	Conv1	1	2	1	Sigmoid	1×1
剩余使用寿命预测器	FC	40	—	1	ReLU	1×40
	FC	100	—	1	ReLU	1×100
	FC	1	—	1	ReLU	1×1

9.3.3　评价指标

为了便于比较本章提出的剩余使用寿命预测方法与现有一些方法的性能,本章采用平均绝对误差、均方根误差进行度量。

平均绝对误差:

$$MAE = \frac{1}{n} \sum_{i=1}^{n} | y_i - \hat{y}_i |$$

(9-14)

均方根误差:

$$RMSE = \sqrt{\frac{1}{n} \sum_{i=1}^{n} (y_i - \hat{y}_i)^2}$$

(9-15)

其中,$\hat{y}_i$ 表示剩余使用寿命预测值,y_i 表示剩余使用寿命真实值,n 表示测试样本个数。

以上两个评价指标值越小,说明预测精度越高。

9.3.3 预测结果

通过网络训练之后,将测试集输入训练好的网络,预测每个曳引机的剩余使用寿命,并与真实的剩余使用寿命比较,利用式(9-14)和(9-15)计算误差值,结果见表9-5。需要指出的是,表9-5中的结果是每个任务重复30次的平均值。

表 9-5　实验结果 DCFS

实验	DCFS		DCNN		DANN		MK-MMD		本章提出的方法	
	MAE	$RMSE$	MAE	$RMSE$	MAE	$RMSE$	MAE	$RMSE$	MAE	$RMSE$
C12	60.1	76.6	75.2	96.6	51.7	63.0	46.5	54.8	**42.1**	**50.5**
C13	55.5	70.1	46.4	60.4	34.7	43.6	39.7	48.5	**36.3**	**42.9**
C14	62.8	77.8	63.3	71.2	48.4	62.5	45.8	54.9	**42.3**	**50.2**
C21	24.9	29.8	27.2	33.1	36.1	40.3	36.6	42.7	**13.3**	**17.4**
C23	47.7	56.36	49.5	59.6	28.6	36.3	36.5	42.6	**23.7**	**29.7**
C24	33.3	41.4	34.7	42.4	38.3	45.6	47.4	57.1	**15.2**	**19.1**
C31	26.2	34.9	22.5	30.7	20.5	28.5	25.7	34.2	**17.9**	**22.5**
C32	55.5	68.2	78.1	94.6	47.8	59.7	54.4	69.3	**48.9**	**59.3**
C34	58.8	71.8	81.0	96.6	80.6	96.6	50.3	59.8	**44.5**	**54.4**
C41	46.5	52.6	36.7	49.5	37.5	42.0	34.6	42.8	**33.9**	**41.6**
C42	26.9	35.8	28.5	37.5	35.0	44.6	37.3	46.3	**24.4**	**32.9**
C43	50.7	57.2	29.0	39.5	36.9	43.7	38.2	45.9	**25.2**	**31.5**
均值	45.7	56.0	47.7	59.3	41.3	50.5	41.1	49.9	**30.6**	**37.7**

为了体现本章提方法的优越性,选取了当前比较常用的几种方法同时进行实验,结果见表9-5。带特征选择器的直接预测(DCFS),由本章提出的特征提取器、特征选择器、剩余使用寿命预测器组成,但没有域辨别器,损失函数如式(9-6),并且它是该方法唯一的目标函数。利用源域的训练数据集训练网络,利用目标域的测试数据集测试训练好的网络,即没有域自适应操作。DCNN利用不带残差结构的多层卷积网络(除残差块外其余参数同表9-4)作为特征提取器,剩余使用寿命预测器组成,损失函数如式(9-6),并且它是该方法唯一的目标函数,同样没有域自适应操作。DANN结构包括表9-4中提出的特征提取器、辨别器、剩余使用寿命预测器,损失函数由预测器的损失函数[式(9-6)]及辨别损失[式(9-12)]组成。MK-MMD结构由特征提取器(同DCNN的特征提取器)、辨别器、剩余使用寿命预测器组成,总体损失函数如下:

$$Loss = L_{REG} - \lambda L_d + \mu L_{MMD} \tag{9-16}$$

其中,L_{REG}是剩余使用寿命预测损失函数,L_d是辨别器损失函数,L_{MMD}是 MK-MMD

源域和目标域特征的距离损失函数。参数 λ 和 μ 表示自适应模块的强度。实验中,参考文献[121]中取 $\mu=0.8$,λ 按式(9-17)计算。

$$\lambda=\frac{2}{1+\exp(-10t/n_e)}-1 \tag{9-17}$$

其中,t 表示总体迭代次数,n_e 代表迭代的步数。

表 9-5 中的前两种方法不考虑源域和目标域之间的分布差异,直接利用带标签的源域样本训练网络,再将目标域样本输入训练好的网络预测其剩余使用寿命。后三种方法考虑了源域和目标域的差异,并尽可能将两者的分布空间转化到同一空间中。从各种方法的预测结果可以看出,本章的方法具有明显的优越性。此外,从前两种方法的预测结果也能看出,本章提出的特征选择结构具有更好的表现,这说明在不同工况下,特征对剩余使用寿命预测的敏感程度不一致,本章提出给特征赋予不同权重的思路是合理的。

9.3.4　预测过程的可视化

为了体现本章方法在剩余使用寿命预测过程中的具体工作过程,选取 C43 实验进行可视化处理。源域和目标域投影到公共特征空间前后效果如图 9-5 所示,(a)是经过 DCFS 方法提取到的源域和目标域特征概率密度曲线,(b)是本章方法提取到的源域和目标域特征概率密度曲线。显然,经过迁移学习,源域和目标域特征分布的相似度更高。其中,F3 表示 FD003 数据集的特征 F4 表示 FD004 数据集的特征。

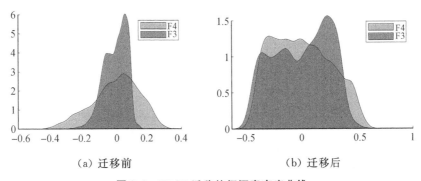

(a) 迁移前　　　　　　　　　　(b) 迁移后

图 9-5　F4-F3 迁移特征概率密度曲线

为了反映在设备退化过程中不同特征对剩余使用寿命预测的贡献程度,选择 FD003 测试集中的 1♯曳引机(真实寿命为 277 周期)的初始状态、100 周期、150 周期和 190 周期时 32 个特征值的权重,如图 9-6 所示。可以看出,在 150 周期之前,32 个特征的权重值几乎没有变化,但是 190 周期时,曳引机接近故障了,此时特征的权重值发生了较大的变化。特征 4 的权重变成 0,说明它此时对于剩余使用寿命的影响为 0;而特征 19、32 的权重变大,说明它们对剩余使用寿命变得敏感了。

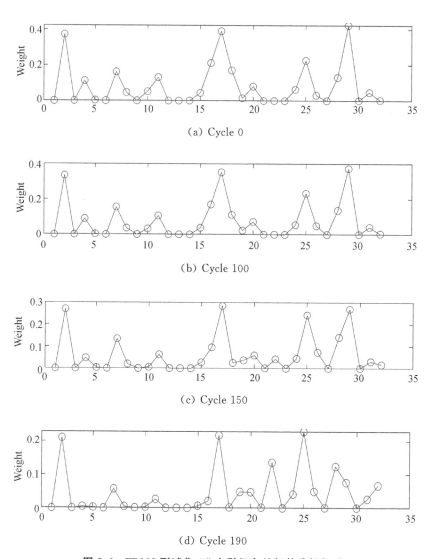

(a) Cycle 0

(b) Cycle 100

(c) Cycle 150

(d) Cycle 190

图 9-6 FD003 测试集 1♯曳引机各特征的选择权重

为了展示源域和目标域工况对剩余使用寿命的影响,选择源域(FD004)训练集 1♯曳引机和目标域(FD003)测试集 1♯曳引机初始阶段的 32 个特征的权重进行比较,如图 9-7 所示。可以看出,两个域在 7、8、10、16、25、27 等特征值的权重不一致,这说明不同工况条件下,不同特征对剩余使用寿命的敏感程度也不同。

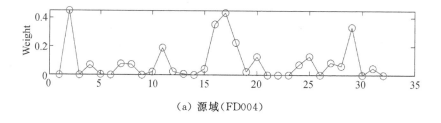

(a) 源域(FD004)

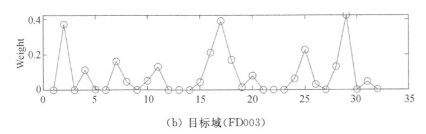

（b）目标域（FD003）

图 9-7　源域与目标域在初始阶段的特征选择权重

9.4　轴承剩余使用寿命预测实验验证

＊＊＊＊＊＊＊＊＊＊＊＊＊＊＊＊＊＊＊＊＊＊＊＊＊＊＊

本实验利用西安交通大学轴承数据集[89]。该数据集由型号为 LDK UER204 的轴承全寿命实验采集而得，实验轴承的工况见表 9-6。每种工况下，均有 5 个轴承参与全寿命实验，轴承从正常状态一直运行到出现故障为止。实验从水平和垂直两个方向采集了轴承的全寿命振动信号，数据采样频率为 25.6 kHz，每隔 1 min 采集一次，每次采集32 768 个数据点。由于轴承的载荷为水平方向，水平方向的传感器对轴承退化的反馈更明显，所以，本章选取水平方向的振动信号来验证方法的有效性和优越性。采用滑动窗口法将数据分割成长度为 1 024 的测试样本，每隔 256 个数据点分割一次，所以每次采集的数据可以转化成训练或测试样本 124 个，当然它们对应的剩余使用寿命相同。

表 9-6　实验轴承的工况

工况	转速/(r/min)	负载/kN
1	2 100	12
2	2 250	11
3	2 400	10

9.4.1　数据处理

为了匹配 9.3 节提出的网络结构，本实验从原始的轴承振动信号中提取 21 个特征，包括时域特征和频域特征，分别是最大值、最小值、平均值、峰-峰值、平均值、有效值、峰值、方差、标准差、峭度、偏度、均方根、波形因子、峰值因子、脉冲因子、裕度因子、重心频率、均方频率、频率方差、频带能量、相对功率谱熵。选择连续 10 次采集的数据的特征组成时间序列，即网络输入的数据维度为 10×21。由于每次采集的数据被划分成 124 个样本,在网络训练时,每次随机从 124 个样本中选取一个样本用于训练。在网络训练前,必须对 21 个特征进行归一化处理。

9.4.2 实验设置

实验验证了不同工况条件下相互迁移学习的效果,具体安排见表 9-7。其中源域的样本都是带标签的,而目标域的样本是不带标签的。作为源域数据时,选择每种工况下全部 5 个轴承的全寿命数据作为源域样本。作为目标域时,选择前两个轴承的数据作为迁移训练的目标域样本。最后,选择每种工况下最后一个轴承作为测试数据。

表 9-7 轴承剩余使用寿命预测实验安排

迁移任务	训练数据集	测试数据集
C1→C2	带标记:Bearing1_1～Bearing1_5 不带标记:Bearing2_1 & Bearing2_2	Bearing2_5
C1→C3	带标记:Bearing1_1～Bearing1_5 不带标记:Bearing3_1 & Bearing3_2	Bearing3_5
C2→C1	带标记:Bearing2_1～Bearing2_5 不带标记:Bearing1_1 & Bearing1_2	Bearing1_5
C2→C3	带标记:Bearing2_1～Bearing2_5 不带标记:Bearing3_1 & Bearing3_2	Bearing3_5
C3→C1	带标记:Bearing3_1～Bearing3_5 不带标记:Bearing1_1 & Bearing1_2	Bearing1_5
C3→C2	带标记:Bearing3_1～Bearing3_5 不带标记:Bearing2_1 & Bearing2_2	Bearing2_5

因为轴承在正常阶段的数据对剩余使用寿命预测几乎没有作用,所以在实验开始前,首先查找出每个轴承的退化时间节点,具体采用文献[113]提出的首次预测时间(FPT)确定方法,从 FPT 时间点之后采用滑动窗口法,每连续 10 个采集周期组成一个时间序列样本。

9.4.3 实验结果

为了展示本章方法的优越性,同 9.3 节一样,将本章提出的方法与几种常用方法的预测结果进行比较,见表 9-8。

表 9-8 轴承剩余生命预测结果

实验	DCFS（没有迁移）		DCNN		DANN		MK-MMD		本章提出的方法	
	MAE	*RMSE*	*MAE*	*RMSE*	*MAE*	*RMSE*	*MAE*	*RMSE*	*MAE*	*RMSE*
C12	25.3	29.8	23.9	26.7	38.4	42.6	36.1	39.4	**20.1**	**22.5**
C13	17.5	19.4	27.8	30.1	15.8	18.0	21.1	24.6	**6.6**	**8.0**
C21	8.4	11.9	11.4	13.7	24.3	27.1	26.3	29.4	**8.6**	**12.5**
C23	9.1	12.4	10.4	12.6	7.6	9.4	18.2	21.6	**8.0**	**10.2**
C31	6.4	9.8	14.6	17.5	29.7	31.5	7.9	12.2	**6.3**	**8.5**
C32	15.1	19.4	30.1	34.6	25.6	29.8	22.3	25.9	**21.3**	**24.2**
均值	13.6	17.1	19.7	22.5	23.6	26.4	22.0	25.5	**11.8**	**14.3**

可以看出,本章方法的预测结果依然是最好的结果,通过 DCFS 的预测结果也能看出特征选择机制可以提高不迁移情况下预测结果的精度。

9.4.4 预测结果可视化

为了展示每种方法的整体预测效果,将以上不同迁移实验的测试轴承的剩余使用寿命全部预测结果在图 9-8 中显示。需要说明的是,图中的预测结果以剩余使用寿命百分比的方式展示。

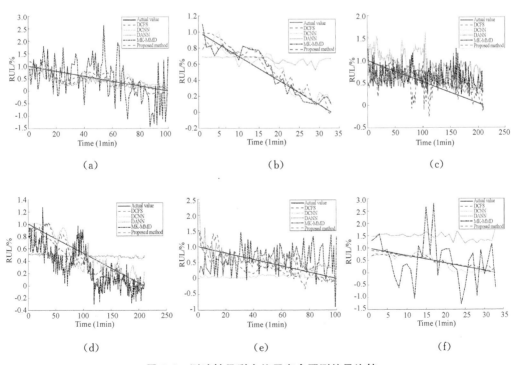

图 9-8 测试轴承剩余使用寿命预测结果比较

可以看出,本章方法的预测结果与真实剩余使用寿命始终保持最小的误差,而DANN 预测结果时好时坏,MK-MMD 预测结果的波动性最大,同时也能反映 DCFS 具有较好的预测效果。

9.5　本章小结

* * * * * * * * * * * * * * *

针对零样本条件下的跨域剩余使用寿命预测问题,本章提出了一种自适应剩余使用寿命预测框架,包括特征提取器、特征选择器、域辨别器及剩余使用寿命预测器。为了消除梯度爆炸、梯度消失以及网络退化等对训练效果的负面影响,本章提出了一种带残差结构的特征提取器。考虑到不同工况、不同退化阶段以及不同通道的特征对预测结果的敏感程度不同,设计了一种特征自适应选择结构。考虑相似样本具有更好的迁移效果,本章提出了一种训练样本权重赋值策略,以便使相似性更高的样本以更大的权重参与迁移训练,从而达到提高网络预测精度的目的。曳引机仿真数据和西安交通大学平轴承数据集验证了本章方法的优越性。在日后的研究中将更加关注跨工况剩余使用寿命预测问题中有效信息的提取。

第10章
基于变分编码的小样本联邦迁移故障诊断

10.1　引　言
＊＊＊＊＊＊＊＊＊＊＊＊

数据驱动故障诊断技术是基于物联网的设备健康管理关键技术之一,也是智能制造领域未来要实现的设备智能自主维护的重要基础。随着深度学习技术的发展,数据驱动故障诊断方法也取得了巨大的进步。深度卷积网络[123]、迁移学习[124]等方法不断被相关学者引入故障诊断领域,解决了训练样本少、跨工况甚至跨设备诊断等难题。直接将源域数据和目标域数据放在一起进行训练和识别的方法,称为中心化学习方法[125]。大批设备通过物联网实时在线诊断时,存在数据传输量大、数据隐私无法保证等问题。联邦学习的出现解决了数据传输量大和隐私保护问题,但现实中,并非所有设备都在相同工况下运行,很多情况下,联邦学习环境下的故障诊断需要解决跨工况、跨设备、小样本等难题。

最典型的联邦学习故障诊断方法就是,首先确定一个统一的学习模型,然后源域客户端利用自身带标签的故障数据各自独立训练,模型分散训练好后,各个客户端将各自训练好的模型参数上传给服务器端,服务器将收集到的模型参数作平均或带权重的融合,再将融合好的模型参数发送给目标客户端进行诊断。这种联邦诊断方法的前提是所有客户端设备相同、工况相同,也就是说,采集到的源域数据和目标域数据是独立同分布的。相关研究已被应用于物联网异常检测[126]、电网智能监测[127]等。但如果设备或工况不同,数据往往是非独立同分布的,此时,经典的联邦学习方法无法适用。针对平均聚合方法存在的不足,遗忘卡尔曼滤波(FKF)[128]被提出并应用于联邦学习。但权重的确定与优化却是一项非常复杂的工作,往往需要多次尝试。

针对非独立同分布数据的故障诊断问题,一般是利用迁移学习思路,设法提取源域和目标域的共同特征,进而提高模型在不同分布条件的泛化能力。文献[129]利用信息融合方法构造了特征选择模块,降低源域不相关信息的负迁移。通过领域对抗方法,分布空间映射,基于注意力的深度元迁移学习,在模型中加入双分类器方法,让模型提取共同特征也是迁移学习故障诊断的常用手段。但这些迁移学习方法的前提需要将源域和目标域的数据集中在一起训练,且目标域也需要有一定数量标定好的样本。现有的迁移学习方法一般基于源域与目标域之间具有较小的分布差异。对于跨设备故障诊断因为数据来自不同设备,受工况、环境、机械结构等因素影响,数据分布往往存在较大差异,现有的迁移学习方法的诊断性能欠佳。特别是当对数据有隐私要求,以及对目标域仅有少量样本条件下的诊断,无法适用。

设备运行工况不同,故障数据呈现异构性,此时,经典的联邦平均算法的识别效果往往不理想。为了增强联邦学习模型的泛化能力,提高聚合模型的跨域识别效果,优质局部模型权重优化法[130]、动态自适应权值调整[131]、利用先验分布连接两个异构领域法[118]、深度对抗学习法[132]、异步分散联邦学习(ADFL)框架[133]等方法被提出并用于增强联邦学习模型的鲁棒性和泛化能力。虽然这些方法能在一定程度上增强聚合模型在跨域数据诊断方面的性能,但是如果各客户端的数据分布差异很大,传统的特征适配方法强制缩小所提取特征之间的分布差异,对齐特征分布重心,这样做有可能忽视故障在不同设备或工况下局部分布的差异,导致目标域故障一与源域故障二对齐的错误,从而造成诊断模型的误诊。在目标域和源域数据分布差异较大的情况下,利用目标域无标签样本进行自监督训练学习,可能会由于特征空间存在较大偏移而导致误判。

针对以上不足,本章在假设目标域具有极少标定数据的前提下,提出一种基于变分编码的联邦学习方法,搭建了一个由特征提取器(编码器)、变分特征生成器、数据重构器(解码器)、分类器及识别器构成的联邦学习模型。为了满足数据隐私要求,提出了一种基于平均联邦学习改进训练策略以及一种面向非独立同分布的正则化联邦学习方法。同时,利用变分编码生成器充分挖掘数据中隐藏的敏感特征,在目标域仅有极少标定数据的情况下,利用变分编码器具有一定随机性的特点训练新的分类器,从而避免因样本量太少而导致的过拟合问题。

10.2 联邦迁移诊断问题描述

* *

假设目标客户端有 n_t 个未标注样本 $\{X_i^t | i=1,2,\cdots,n_t\}$ 以及极少量带标签样本 (X_k^t, Y_k^t), $k=1,2,\cdots,n_k$,且 $n_k \ll n_t$。N 个源域客户端 $C_1,C_2,\cdots,C_N$,每个客户端拥有各自带

标签的数据集(X_j^n,Y_j^n)，$n=1,2,\cdots,m$，Y^n是标签空间，共有 R 种健康状态，即$Y^n=\{1,2,\cdots,R\}$。需要说明的是并不是每个客户端都拥有 R 种数据集，由于源域和目标域设备工况不同，数据集之间存在较大的边缘分布差异$[P_{C_n}(x)\neq P_t(x)]$与条件分布差异$[P_{C_n}(y|x)\neq P_t(y|x)]$。由于目标域标定的样本稀缺，很难直接用于训练诊断模型。在保护数据隐私的前提下，首先通过联邦学习和缩小特征分布差异的手段，跨域将源域客户端训练好的模型迁移至目标客户端，然后利用少量的标定样本优化模型，最后再识别目标域中待诊断的样本。

10.3　基本原理

10.3.1　联邦学习

联邦学习就是联合多个客户端协作训练一个全局模型的分布式学习框架(图10-1)。

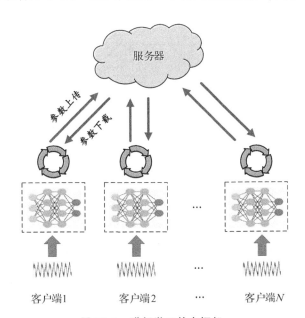

图 10-1　联邦学习基本框架

联邦学习可以不用相互传输和访问原始数据，从而保护隐私安全。一般情况下，联邦学习的中央服务器用来协调训练，常见的联邦学习平均算法(FedAVG)的目标函数如下：

$$\arg\min\left\{F(\Theta)=\sum_{n\in N}p_n f_n(\Theta)\right\} \tag{10-1}$$

其中，$f_n(\Theta)=E[l_n(\Theta;(X^n,Y^n))]$ 是第 n 个客户端的损失函数，Θ 是训练模型参数，p_n 是客户端的聚合权重。一般地，$p_n=\dfrac{Q_n}{Q}$，Q_n 是客户端 n 参与训练的样本量，Q 是总样本量。

本章提出的联邦学习训练过程分为以下四步：

（1）服务器选择参与训练的客户端 $C_1,C_2,\cdots,C_N$，并下发全局模型。

（2）参与训练的客户端在本地进行训练，更新本地模型参数。

（3）客户端将更新后的本地模型参数 Θ_n^r 上传至服务器，r 表示训练的轮次。

（4）服务器聚合上传的模型，并更新全局模型参数。

10.3.2　变分编码

变分编码（VAE）与对抗生成网络类似，可以生成与输入样本类似的数据，其基本原理如图 10-2 所示。

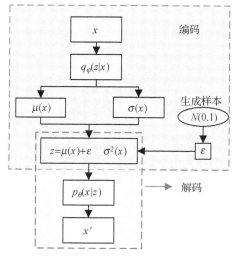

图 10-2　变分编码基本原理

图 10-2 中编码器用于提取特征，生成器用于生成与提取到的特征类似的张量，解码器用于重构输入信号。基本思路是利用隐变量 z 表征输入数据 x 的分布，通过优化编码器模型参数 θ 使得重构数据 $\hat{x}$ 与输入数据 x 尽可能地相似，用 $p_\theta(x)$ 表示重构数据的边缘分布，则

$$p_\theta(x)=\int p_\theta(x|z)p_\theta(z)\mathrm{d}z \tag{10-2}$$

其中，$p_\theta(x|z)$ 表示由隐变量 z 重构输入数据 x 的概率分布，$p_\theta(z)$ 是 z 的先验分布，本章采用标准高斯分布 $N(0,1)$。

我们期望隐变量 z 能够生成与输入样本非常相似的样本，用 $p_\theta(z|x)$ 表示由输入数

据 x 通过编码学习得到隐变量 z 的概率分布。但是真实的 $p_\theta(z|x)$ 难以计算,所以采用具有对角线协方差结构的多元高斯分布 $q_\varphi(z|x)$(φ 代表编码器参数)逼近真实的后验分布概率,这里以 KL 散度来衡量两个分布的逼近程度,具体见下式。

$$KL(q_\varphi(z|x) \parallel p_\theta(z|x)) = E_{q_{\varphi(z|x)}}[\log q_\varphi(z|x) - \log p_\theta(z|x)] \tag{10-3}$$

上式表示当 $x \sim q_\varphi(z|x)$ 时两个分布对数差的期望值,值越小表示相似程度越高。

由贝叶斯公式可得

$$\log p_\theta(z|x) = \log p_\theta(x|z) + \log p_\theta(z) - \log p_\theta(x) \tag{10-4}$$

将式(10-4)代入式(10-3)可得

$$\log p_\theta(x) = KL(q_\varphi(z|x) \parallel p_\theta(z|x)) +$$
$$E_{q_{\varphi(z|x)}}[\log p_\theta(x|z) - \log q_\varphi(z|x) + \log p_\theta(z)] \tag{10-5}$$

式(10-5)中,我们期望 $\log p_\theta(x)$ 的值最大,$KL(q_\varphi(z|x) \parallel p_\theta(z|x))$ 的值趋近于 0,那么式(10-4)右边第二项必须最大化。因此,对于第 i 个样本,有以下目标函数:

$$L(\theta, \varphi; x^{(i)}) = -KL(q_\varphi(z|x^{(i)}) \parallel p_\theta(z)) +$$
$$E_{q_{\varphi(z|x^{(i)})}}(\log p_\theta(x^{(i)}|z)) \tag{10-6}$$

可以看出,上述损失函数由两部分组成:第一项是编码概率分布与潜在变量 z 概率分布之间的 KL 散度,第二项是重构误差,与自编码类似,$q_\varphi(z|x^{(i)})$ 是参数为 φ 的编码器,$p_\theta(x^{(i)}|z)$ 是参数为 θ 的解码器。

假设 $p_\theta(z) \sim N(0,1)$,那么

$$q_\varphi(z|x) \sim N(\mu(X), \sigma^2(X)) \tag{10-7}$$

其中,$\mu(X)$ 和 $\sigma^2(X)$ 分别是近似后验分布的均值和方差。

基于式(10-7)的假设,式(10-6)中的 KL 散度和重构误差可分别具体化为式(10-8)和式(10-9)。

$$KL(q_\varphi(z|x^{(i)}) \parallel p_\theta(z)) = \sum_{j=1}^{J} \frac{1}{2}(1 - (\sigma^{(i)})^2 - (\mu^{(i)})^2 + \log(\sigma^{(i)})^2) \tag{10-8}$$

$$E_{q_{\varphi(z|x^{(i)})}}(\log p_\theta(x^{(i)}|z)) = -\sum_{i=1}^{n} x^{(i)} \log(x'^{(i)}) + (1 - x^{(i)}) \log(1 - x'^{(i)}) \tag{10-9}$$

其中,J 是隐变量 z 的维度,n 是输入数据的维度,μ 和 σ^2 分别是样本 i 的均值和方差。

为了使随机采样得到的隐层变量具有反向传播能力,采用重参数化技巧,通过随机采样 $\varepsilon, \varepsilon \sim N(0,1)$,利用式(10-10)计算 z。

$$z = \mu(X) + \varepsilon \sqrt{\sigma^2(X)} \tag{10-10}$$

由于编码器和解码器输出的结构都是受模型参数约束的概率密度分布,而非具体特征值,因此具有更好的特征表达能力。又因为存在随机变量,重复训练情况下也不会因为样本量少而出现过拟合问题。

10.4 方 法

＊＊＊＊＊＊＊＊＊＊＊＊＊＊

10.4.1 方法概述

本章提出的全局模型结构如图 10-3 所示,模型由编码器(特征提取器)、解码器、特征生成器、分类器和辨别器组成。

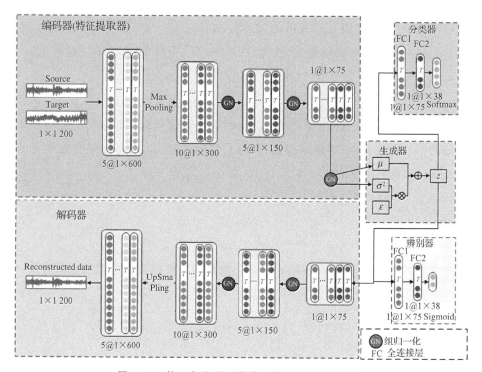

图 10-3 基于变分编码的联邦故障诊断模型结构

编码器和解码器均由 4 层一维卷积层组成,辅以组归一化加快模型收敛速度。特征生成器主要利用变分编码原理生成与特征提取器提取到的特征同分布的数据,经过多次训练,它其实就代表特征的分布规律。分类器用来区分具体的故障类别,而辨别器用来鉴别提取的特征是否来自同一分布空间。分类器和辨别器均由 2 层全连接层组成,神经单元节点数分别是 75 和 38。需要说明的是,本章中的解码器主要是为了约束特征生成器,具体通过生成数据与输入数据的重构误差,反向传播约束生成器和编码器。

10.4.2　优化方案

中央服务器下达一轮训练指令后,源域和目标域训练过程中涉及的优化方案如下:

1. 源域训练过程

在源域本地训练过程中,除了要最小化目标函数(10-6),还要使分类器尽可能准确,即要满足目标函数(10-11)。式(10-11)是平滑交叉熵损失函数,使用该函数是为了增强模型的泛化能力,减少模型过拟合。

$$L_{Class} = \frac{-1}{n_S} \sum_{i=1}^{n_S} \sum_{j=1}^{K} \Big[y_{ij}(1-\varepsilon)\log(p_{ij}+\varepsilon) + y_{ij}\frac{\varepsilon}{K}\sum_{l=1}^{K}\log(p_{il}+\varepsilon) \Big] \quad (10\text{-}11)$$

其中,ε 是平滑系数,这里取值 0.1;n_S 表示样本数量;K 表示故障类别数;y_{ij} 表示第 i 个样本的第 j 个类别是否为真实标签;p_{ij} 表示第 i 个样本的第 j 个类别的预测概率。式(10-11)中的第一项为真实类别的预测概率,第二项为所有类别的平均预测概率。

此外,为了尽可能保证源域和目标域的特征具有相同的分布,需要训练辨别器的辨别能力,以二元交叉熵损失(Binary Cross-Entropy)作为目标函数。假设辨别器的输出为 p,域标签为 y,源域标签 $y=1$,目标域标签 $y=0$,则损失函数如下:

$$L_{Disc} = -\big[y\log p + (1-y)\log(1-p) \big] \quad (10\text{-}12)$$

其中,$y\log p$ 用来计算样本属于正类的情况,$(1-y)\log(1-p)$ 用来计算样本属于负类的情况,取负号是为了将损失值最小化。

对于源域训练样本,训练时的总损失函数可以表示为

$$L_{Total}^{S} = \alpha L(\theta,\varphi;x^{(i)}) + \beta L_{Class} + \gamma L_{Disc} \quad (10\text{-}13)$$

其中,α,β,γ 为权重系数。本章经过多次尝试,最终选用的权重系数为 $\alpha=1,\beta=0.001,\gamma=0.01$。

2. 目标域训练过程

待所有源域客户端的本地模型训练完毕,并将参数上传至服务器端,由服务器利用公式(10-1)生成全局模型参数,并将聚合后的全局模型下发给目标客户端进行域自适应训练。为了使目标域提取到的特征分布更趋近于源域,目标域所有无标签数据都参与训练。训练时,固定辨别器,并设定域标签 $y=1$,只训练特征提取器和特征生成器,损失函数为 L_{Disc}。

接下来,利用目标域中带标签的少量样本进行全局模型的微调。考虑目标域与源域数据属于非独立同分布,二者的特征分布存在一定差异,如果直接利用源域的分类器,可能会导致误判。所以,在目标客户端需要利用小样本训练一个新的分类器。新分类器的结构与源域训练时的相同。同时,为了使目标域更容易分辨,我们期望不同故障类别的中心距越大越好。本章采用欧氏距离来衡量目标域不同故障中心之间的距离。

$$L_{Dist} = \frac{2}{K(K-1)} \sum_{m=1}^{K} \sum_{j=1, j \neq m}^{K} \sqrt{\sum_{i=1}^{n_F} \left[\mu(F_i^m) - \mu(F_i^j) \right]^2} \qquad (10\text{-}14)$$

其中，n_F 表示提取到的特征的维度，这里 $n_F = 75$；μ 表示取均值计算；F_i^m 表示第 m 类故障的第 i 个特征值。

同时，采用平滑交叉熵损失函数约束新的分类器。所以，在带有标签的小样本目标域数据训练过程中的总体损失函数为

$$L_{Total}^T = a L_{Class} - b L_{Dist} \qquad (10\text{-}15)$$

其中，a 和 b 是权重系数，负号是为了使目标值最小化，经过反复尝试，这里取 $a=1$，$b=0.0001$。

至此，包括源域和目标域在内的所有客户端完成了一轮训练，目标域客户端将优化后的全局模型参数上传给服务器端，准备下一轮的全局训练，直至完成训练轮次。

10.4.3 联邦学习流程

本章提出基于变分编码增强的联邦学习框架，具体流程如下。

输入：中央服务器 S，来自客户端 $C_1, C_2, \cdots, C_N$ 带标签的故障数据，目标客户端 T 无标签的故障数据和少量带标签的故障数据

输出：目标客户端的故障类别

伪代码如下：

//服务器端执行：

1　初始化全局模型

2　for round=1 to N_s do

3　　接收目标域客户端发送来的模型参数，并发送给参与训练的源域客户端

　　//源域客户端并行训练

4　　接收服务器下发的模型参数

5　　　for Step=1 to S do

6　　　　本地模型训练

7　　　end

8　　上传本地模型参数到服务器

　　//服务器端执行

9　　聚合形成全局模型

10　　下发全局模型到目标域客户端

　　//目标域客户端执行

11　　for Step=1 to S do

12　　　不带标签的样本域自适应训练

13　　　带标签的小样本微调训练

14　　end

15　　上传训练过的模型参数至服务器

16　end

　　//目标域样本预测

17　　将测试样本输入训练好的特征提取器以及新分类器进行故障类别识别

10.5　实验及分析

＊＊＊＊＊＊＊＊＊＊＊＊＊＊＊＊＊＊

10.5.1　跨工况实验

1. 实验概述

　　本实验数据来源于西安交通大学 SQ(Spectra Quest)实验平台公共数据集,采用的实验平台如图 10-4 所示。实验所采用的轴承型号为 NSK 公司的 6203 轴承,该数据集模拟了电机轴承正常、外圈故障和内圈故障三种故障模式,采集了三种转频(19.05 Hz、29.05 Hz、39.05 Hz)下三种不同程度故障(轻度故障、中度故障和重度故障)的电机轴承振动信号。实验采用压电式加速度传感器采集电机轴承信号,所用的数据采集仪型号为 CoCo80,采样频率为 25.6 kHz,加速度传感器灵敏度为 50 mV/g。

图 10-4　Spectra Quest 实验平台

　　本章选取 29.05 Hz 转频的数据作为源域数据,39.05 Hz 转频的数据作为目标域数据。此外,本章设计每个客户端只有一种带标签的故障数据,且程度不同,具体见表 10-1。

表 10-1 中的样本采用滑动窗口法获得,每间隔 600 个点取样一次。

表 10-1　实验数据相关属性

客户端	转频	故障类别/程度	样本数
源域客户端 1		正常	639
源域客户端 2	29.05 Hz	内圈故障/轻度	639
源域客户端 3		外圈故障/中度	639
目标域客户端	39.05 Hz	正常	639
		内圈故障/轻度	639
		外圈故障/中度	639

很明显,源域客户端和目标域客户端的转频不一样,即工况不一样。另外,源域的每个客户端只有一种标定的故障类别样本,实际上,一台设备的故障类别一般也是有限的,而本章用一种极端情况,即一个源域客户端只有一种故障样本来验证所提方法的性能。

2. 实验设定

为了验证本章所提方法的效果,下面以几种常见的方法同时进行学习和预测。

(1) VAE-FedAvg(所提方法):按照图 10-3 的结构和 10.4.3 中的流程进行训练和识别。在源域客户端本地训练过程中,设置批样本量为 32,本地训练次数为 30。在目标客户端利用少量标定样本对全局模型进行微调,设定训练次数为 60 次。

(2) Baseline:各源域客户端独立进行一次性训练,训练完毕后将本地模型参数上传至服务器,服务器收集完所有客户端模型参数后采用平均算法进行模型聚合,然后将聚合模型参数发送给目标客户端。目标客户端利用带标签的小样本数据对训练模型进行微调,识别不带标签的目标域样本数据。模型的结构由和图 10-3 中相同的编码器(特征提取)和分类器组成。

(3) Centralized:将所有客户端数据集中在一起进行训练,主体框架由图 10-3 中的编码器、分类器组成。需要说明的是,这种方法没有隐私保护。

(4) VAE-without source:不用源域数据,只利用少量的带标签的目标域样本数据进行模型训练。所用模型由图 10-3 中的编码器、解码器、生成器及分类器组成。

3. 实验结果及分析

设置训练轮次为 600 次,各模块的学习率均设置为 0.001,批样本量为 32。分别从目标域每种故障类别样本中取 0、1、3、5、10 个样本作为微调样本,以模拟工程实际中标定样本稀缺的情况。当然,这些微调样本取出后不再作为目标样本进行预测。为了减小随机初始化的模型参数对模型预测性能的影响,上述四种方法都重复运行 10 次,取其识别率的平均值,将识别率随训练轮次变化情况画成曲线,如图 10-5 所示。

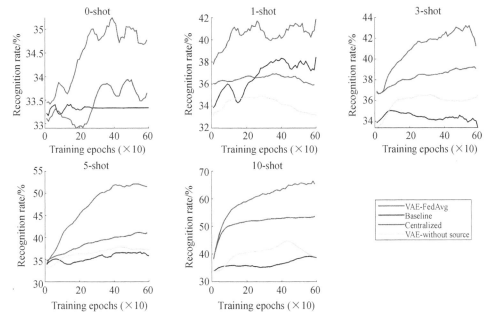

图 10-5　跨工况条件下的预测结果

　　由图 10-5 的预测结果可以看出,本章提出的方法相对于其他方法具有明显优势。即使在没有微调样本(0-shot)的情况下,所提出的方法依然能表现出较好的识别效果,这说明 VAE 具有出色的特征提取能力。随着微调样本数量的增加,预测的效果和稳定性都有提升。一般来说,中心式训练方法的效果往往是最好的,而本章中心式训练方法与所提方法相比,在网络结构上缺少了生成模块,即变分模块,所以效果不如所提方法。

　　变分编码之所以能够提高模型的识别率,主要是因为它能在特征提取的基础上进一步获取到特征的分布规律,并可以生成与提取特征同分布的仿真特征,从而解决因为样本少容易使模型陷入过拟合的困境。本章也尝试使用变分编码并且仅利用少量标注样本进行训练来识别目标域,从图 10-5 可以看出,效果虽不理想,但也达到了和 Baseline 方法近似的水平。因为少量样本无法获取真正的特征分布规律。而所提方法可以先利用源域大样本训练模型,使得模型具备良好的特征提取能力,再利用少量目标域标定样本微调训练好的模型,这样可以在保证模型性能的同时适应目标域样本的分布规律。为了进一步展示所提方法在特征提取方面的优势,以每种故障有 10 个微调样本为例,将四种方法提取到的特征,利用 t 分布邻域嵌入算法降到二维并绘制成平面图形,如图 10-6 所示。将每种故障的识别结果绘制成混淆矩阵,如图 10-7 所示。

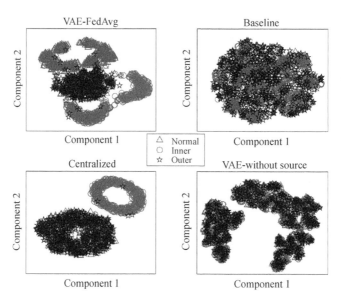

图 10-6 跨工况条件下特征分布

由图 10-6 可以看出，所提方法提取的三种故障的特征具备很好的区分性，而其余方法提取的特征重合比较明显，这一点可从它们的识别率上得以验证。

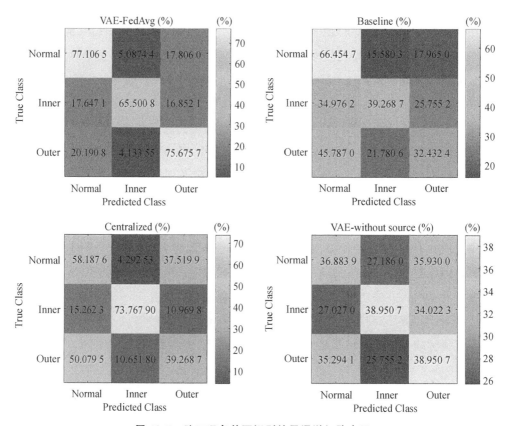

图 10-7 跨工况条件下识别结果混淆矩阵表示

从图 10-7 可以看出,所提方法对三种故障识别比较均衡,而其他方法仅对个别故障类型识别率高,均衡性差。这说明所提方法在小样本条件下,能够充分抓取各类故障的有效特征。

10.5.2 跨设备实验

本实验的源域数据来自德国帕德博恩大学轴承数据集,采用的实验平台如图 10-8 所示。实验轴承也是 6203 轴承,采用压电加速度计采集轴承座的振动信号,采样频率为 64 kHz。实验在不同的负载扭矩、转速及径向力下进行,本章选取了其中 3 个条件的实验数据,具体见表 2。

图 10-8 德国帕德博恩大学轴承数据实验平台

表 10-2 实验数据相关参数

客户端	转速/(r/min)	负载扭矩/(N·m)	径向力/N	故障类别	样本数
源域客户端 1	1 500	0.1	1 000	正常	426
源域客户端 2	1 500	0.1	400	内圈故障	463
源域客户端 3	900	0.7	1 000	外圈故障	425

为了验证本章提出的方法在跨设备条件下的迁移效果,目标域客户端仍然采用表 10-1 中的目标域数据。参数设置同 10.5.1,实验识别结果如图 10-9 所示。

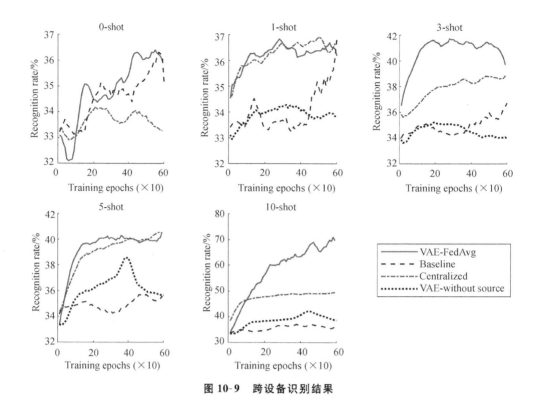

图 10-9　跨设备识别结果

　　虽然源域和目标域的轴承型号相同,但是安装在不同设备上,运行的负载、转速各不相同,采用的频率和使用的采集传感器也不相同。从图 10-9 可以看出,在这种跨设备迁移学习条件下,所提出的方法仍然能保持较好的识别效果。同样以 10 个标定样本微调模型为例,将提取的特征利用 t 分布邻域嵌入算法绘制成二维平面图,如图 10-10 所示。将目标域每种故障的识别结果绘制成混淆矩阵,如图 10-11 所示。

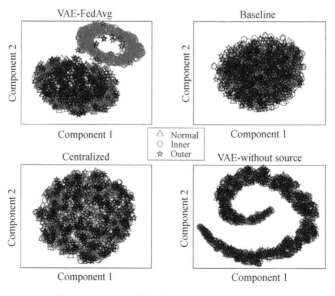

图 10-10　跨设备条件下所提取特征的分布

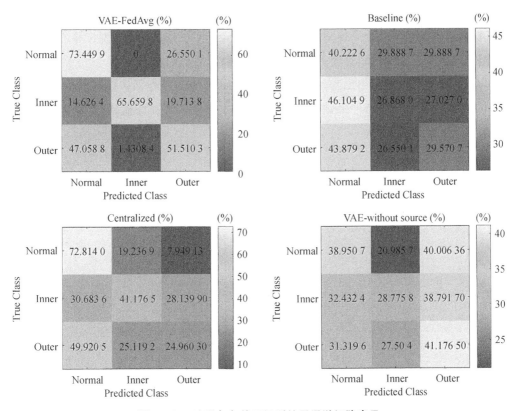

图 10-11　跨设备条件下识别结果混淆矩阵表示

从图 10-10 和图 10-11 可以看出,在跨设备诊断方面,所提出的方法相比其他方法,仍然具有良好的特征提取能力和故障类型识别效果。

10.6　本章小结

本章提出了基于变分编码的联邦学习机械故障诊断方法,为跨域甚至跨设备联邦迁移故障诊断提供了一种新的解决思路,实现了数据隐私保护条件下,智能诊断模型的分布式训练、微调及迁移应用。

(1) 根据数据隐私保护需求,建立了基于联邦学习的跨域迁移学习框架。在不需要进行原始数据传输的前提下,根据不同工况条件自适应调整模型的特征提取能力,达到跨域提取有效特征的目的。

(2) 提出了基于变分编码的特征分布规律提取方法,可以解决非独立同分布条件下有效特征的提取。变分编码的随机生成功能还可以抑制训练中过拟合现象的发生。

（3）提出了少量样本的联邦学习微调方法。在跨工况或跨设备条件下，以少量标定的目标域样本参与联邦全局模型的训练，使得全局模型在具备源域识别经验的同时能够学习目标域特征分布规律，进而提高全局模型对目标的识别能力。

两个实验结果表明，相比其他迁移方法，本章提出的方法在保护数据隐私的前提下，在不同工况甚至跨设备条件下，利用少量标签样本微调联邦训练模型，获得更高的识别精度。

第11章

总结与展望

11.1 总　结

* * * * * * * * * * * * * *

数据驱动的电梯故障预判技术是工业物联网技术发展的需要,也是电梯维保由"现场检测＋现场维保"向"线上监测＋线下维保"按需维保模式转变的需要。当前数据驱动的电梯故障预判技术还面临诸多挑战,比如电梯故障数据不易采集、数据标定困难、可供学习训练的样本少,甚至缺少故障样本。由于电梯的型号繁多、工况多变等原因,故障数据的跨梯迁移使用效果差。本书以乘客电梯为对象,旨在建立泛化能力好、普适性强、预测精度高的故障预判模型,主要完成了如下研究:

(1) 构建了电梯健康状态的整体监测方案,给出了电梯关键零部件的监测系统的搭建方法、原理,提出了基于 K-means 算法的电梯关键零部件性能退化状态的确定方法。

(2) 提出了自适应电梯故障智能识别方法,针对多工况条件下包含未知故障的电梯故障预判问题,提出了基于生成对抗网络的故障识别方法,可以辨别测试设备故障是否属于已知故障,对于已知故障,可以进一步识别故障类别,对于未知故障,可以将多个未知故障进行聚类;针对零样本条件下的电梯故障预判问题,提出了一种基于故障属性语义的仿真故障数据的生成网络,并利用 KNN 算法识别出电梯的新故障类型;针对仅有正常状态数据、没有故障状态数据的单分类故障预判问题,提出了一种双向生成对抗普适网络及二次对抗训练策略,在仅有正常状态数据的条件下可以识别出电梯的异常状态。

(3) 提出了电梯关键零部件剩余使用寿命预测方法,引入量子遗传算法对 PF 算法进行改进,结合 LSTM 建立了电梯关键零部件剩余使用寿命预测模型;针对多工况条件下的电梯关键零部件剩余使用寿命预测,提出了传感器数据的标准化和健康状态指标融合方法,搭建了基于改进 Huber 损失函数的多层 BLSTM 剩余使用寿命预测网络;针对缺少标定数据的剩余使用寿命预测问题,建立了一个由特征提取器、非线性回归器、域辨别器组成的电梯关键零部件域自适应剩余使用寿命深度预测模型。

11.2 展 望
* * * * * * * * * * * *

本书提出了电梯关键零部件运行状态数据采集方案,建立了电梯关键零部件性能退化状态划分模型,搭建了自适应故障识别框架,针对零训练样本和单分类数据样本的特殊情况,分别提出了故障预判模型。在此基础上,通过多源传感器数据融合技术提出了电梯关键零部件健康指标构建方法,利用深度学习和迁移学习理论建立了多工况、多故障模式的电梯关键零部件剩余使用寿命预测模型,为电梯按需维保时机的确定提供了实时在线预判技术。当然,本书的研究成果还存在一些不足待进一步深入研究,具体如下:

(1)在故障预判和剩余使用寿命预测模型中,最优参数的确定是一大难题。本书提出的深度网络的训练样本数、学习率、隐藏层数等参数缺少客观性,在对型号繁多、工况多变的电梯故障预判时,难以保证普适性,因此有待进一步研究模型参数的自适应优化方法,从而保证提出的故障预判模型具备更强的泛化能力。

(2)所提出的故障预判和剩余使用寿命预测模型的训练速度有待进一步优化。在针对海量电梯状态数据时,所提出的深度学习模型和方法在训练效果和识别效率上还有待进一步优化,从而更好地保证电梯状态预判的实时性,并降低数据处理的硬件成本。

(3)电梯的运行状态监测还存在数据保密问题,有待进一步研究,构建出基于联邦学习的数据保密故障预判框架,将自学习模型布置到每台电梯,然后将训练好的模型参数汇总,从而避免因为大数据收集而带来的数据隐私问题。

参考文献

［1］沈永强. 电梯制动性能无载测试方法［J］. 中国电梯，2019，30(7)：57－60.

［2］王寅凯，高常进. 电梯制动力预警的方法研究［J］. 中国特种设备安全，2018，34(6)：14－17.

［3］Peng Q，Li Z，Yuan H，et al. A model-based unloaded test method for analysis of braking capacity of elevator brake［J］. Advances in Materials Science and Engineering，2018，2018：1－10.

［4］中华人民共和国国家质量监督检验检疫总局. 电梯维护保养规则：TSG T5002－2017［S］. 北京：中国标准出版社，2017：4－5.

［5］盛山山. 基于数据挖掘的电梯故障预测研究［D］. 广州：广东工业大学，2018.

［6］Garcia Oya J R，Hidalgo-Fort E，Munoz Chavero F，et al. Compressive-sensing-based reflectometer for sparse-fault detection in elevator belts［J］. IEEE Transactions on Instrumentation and Measurement，2020，69(4)：947－949.

［7］Mishra K M，Huhtala K. Elevator fault detection using profile extraction and deep autoencoder feature extraction for acceleration and magnetic signals［J］. Applied Sciences-Basel，2019，9(15).

［8］程贝贝，姚娅川，张文星. 基于 Zigbee 和 GPRS 的电梯制动器实时监测系统［J］. 软件导刊，2015，14(8)：138－140.

［9］贺无名，王培良，沈万昌. 基于 LS-SVM 的电梯制动器故障诊断［J］. 工矿自动化，2010，36(2)：44－48.

［10］Guo J，Fan J. Study on automatic diagnostic of elevator brake coil wearing［C］//中国控制与决策会议. 2014. DOI：10.1109/CCDC.2014.6852383.

［11］Guo J，Fan J. Study on real-time elevator brake failure predictive system［C］// 6th International Symposium on Precision Mechanical Measurements，Guiyang，China. 2013.

[12] Zhang JL, Shang DG, Sun YJ, et al. Multiaxial high-cycle fatigue life prediction model based on the critical plane approach considering mean stress effects[J]. International Journal of Damage Mechanics, 2018, 27(1): 32—46.

[13] Li X, Mba D, Okoroigwe E, et al. Remaining service life prediction based on gray model and empirical Bayesian with applications to compressors and pumps[J]. Quality and Reliability Engineering International, 2021, 37(2): 681—693.

[14] Zhao Z, Bin L, Wang X, et al. Remaining useful life prediction of aircraft engine based on degradation pattern learning[J]. Reliability Engineering and System Safety, 2017, 164: 74—83.

[15] Soualhi M, Nguyen K T P, Soualhi A, et al. Health monitoring of bearing and gear faults by using a new health indicator extracted from current signals[J]. Measurement: Journal of the International Measurement Confederation, 2019, 141: 37—51.

[16] Abhinav S, Manohar C S. Combined state and parameter identification of nonlinear structural dynamical systems based on Rao-Blackwellization and Markov chain Monte Carlo simulations[J]. Mechanical Systems and Signal Processing, 2018, 102: 364—381.

[17] Zhou SD, Ma YC, Liu L, et al. Output-only modal parameter estimator of linear time-varying structural systems based on vector TAR model and least squares support vector machine[J]. Mechanical Systems and Signal Processing, 2018, 98: 722—755.

[18] Santhosh T V, Gopika V, Ghosh A K, et al. An approach for reliability prediction of instrumentation & control cables by artificial neural networks and Weibull theory for probabilistic safety assessment of NPPs[J]. Reliability Engineering and System Safety, 2018, 170: 31—44.

[19] Kong D, Balakrishnan N, Cui L. Two-phase degradation process model with abrupt jump at change point governed by Wiener process[J]. IEEE Transactions on Reliability, 2017, 66(4): 1345—1360.

[20] Guo J, Cai J, Jiang H, et al. Remaining useful life prediction for auxiliary power unit based on particle filter[J]. Proceedings of the Institution of Mechanical Engineers, Part G: Journal of Aerospace Engineering, 2020, 234(15): 2211—2217.

[21] Pei H, Si XS, Hu CH, et al. An adaptive prognostics method for fusing CDBN and diffusion process: Application to bearing data[J]. Neurocomputing, 2021,

421：303－315.

[22] Pan T，Chen J，Pan J，et al. A deep learning network via shunt-wound restricted Boltzmann machines using rawdata for fault detection[J]. IEEE Transactions on Instrumentation and Measurement，2020，69(7)：4852－4862.

[23] Xing S，Lei Y，Wang S，et al. Distribution-invariant deep belief network for intelligent fault diagnosis of machines under new working conditions[J]. IEEE Transactions on Industrial Electronics，2021，68(3)：2617－2625.

[24] Gan M，Wang C，Zhu C A. Construction of hierarchical diagnosis network based on deep learning and its application in the fault pattern recognition of rolling element bearings[J]. Mechanical Systems and Signal Processing，2016，72－73：92－104.

[25] Fu Y，Zhang Y，Qiao H，et al. Analysis of feature extracting ability for cutting state monitoring using deep belief networks[J]. Procedia CIRP，2015，31：29－34. DOI：10. 1016/j. procir. 2015. 03. 016.

[26] Chen Z，Li C，Sanchez R-V. Gearbox fault identification and classification with convolutional neural networks[J]. Shock and Vibration，2015，2015.

[27] 余永维，杜柳青，曾翠兰，等. 基于深度学习特征匹配的铸件微小缺陷自动定位方法[J]. 仪器仪表学报，2016，37(6)：1364－1370.

[28] Cai H，Jia X，Feng J，et al. A similarity based methodology for machine prognostics by using kernel two sample test[J]. ISA Transactions，2020，103：112－121.

[29] Guo L，Lei Y，Xing S，et al. Deep convolutional transfer learning network：a new method for intelligent fault diagnosis of machines with unlabeled data[J]. IEEE Transactions on Industrial Electronics，2019，66(9)：7316－7325.

[30] 雷亚国，杨彬，杜兆钧，等.大数据下机械装备故障的深度迁移诊断方法[J]. 机械工程学报，2019，55(7)：1－8.

[31] Sun C，Ma M，Zhao Z，et al. Deep transfer learning based on sparse autoencoder for remaining useful life prediction of tool in manufacturing[J]. IEEE Transactions on Industrial Informatics，2019，15(4)：2416－2425.

[32] Jain A K. Data clustering：50 years beyond K-means[J]. Pattern Recognition Letters，2010，31(8)：651－666.

[33] 李永森，杨善林，马溪骏，等.空间聚类算法中的 K 值优化问题研究[J]. 系统仿真学报，2006，18(3)：573－576.

[34] 杨善林，李永森，胡笑旋，等. K-MEANS 算法中的 K 值优化问题研究[J].

系统工程理论与实践，2006(2)：97-101.

[35] 吴艳文，胡学钢. 一种 K-means 算法的 k 值优化方案[J]. 巢湖学院学报，2007(6)：21-24.

[36] 王朔，顾进广. 基于 K 值改进的 K-means 算法在入侵检测中的应用[J]. 工业控制计算机，2014，27(7)：93-94.

[37] Bandyopadhyay S，Maulik U. Genetic clustering for automatic evolution of clusters and application to image classification[J]. Pattern Recognition，2002，35(6)：1197-1208.

[38] 张月琴，刘静. 一种改进的聚类算法在入侵检测中的应用[J]. 太原理工大学学报，2008，39(5)：74-76.

[39] 胡彧，毕晋芝. 遗传优化的 K 均值聚类算法[J]. 计算机系统应用，2010，19(6)：52-55.

[40] 孙雪，李昆仑，胡夕坤，等. 基于半监督 K-means 的 K 值全局寻优算法[J]. 北京交通大学学报，2009，33(6)：106-109.

[41] 田森平，吴文亮. 自动获取 k-means 聚类参数 k 值的算法[J]. 计算机工程与设计，2011，32(1)：274-276.

[42] 袁方，周志勇，宋鑫. 初始聚类中心优化的 k-means 算法[J]. 计算机工程，2007，33(3)：65-66.

[43] 秦钰，荆继武，向继，等. 基于优化初始类中心点的 K-means 改进算法[J]. 中国科学院研究生院学报，2007，24(6)：771-777.

[44] 赖玉霞，刘建平. K-means 算法的初始聚类中心的优化[J]. 计算机工程与应用，2008，44(10)：147-149.

[45] 黄敏，何中市，邢欣来，等. 一种新的 k-means 聚类中心选取算法[J]. 计算机工程与应用，2011，47(35)：132-134.

[46] 周爱武，崔丹丹，潘勇. 一种优化初始聚类中心的 K-means 聚类算法[J]. 微型机与应用，2011，30(13)：1-3.

[47] 周炜奔，石跃祥. 基于密度的 K-means 聚类中心选取的优化算法[J]. 计算机应用研究，2012，29(05)：1726-1728.

[48] 郑丹，王潜平. K-means 初始聚类中心的选择算法[J]. 计算机应用，2012，32(8)：2186-2188.

[49] Chung J P，Yoo H H. Blade fault diagnosis using Mahalanobis distance[J]. Journal of Mechanical Science and Technology，2021，35(4)：1377-1385.

[50] Huang T，Zhang Q，Tang X，et al. A novel fault diagnosis method based on

CNN and LSTM and its application in fault diagnosis for complex systems[J]. Artificial Intelligence Review, 2022, 55(2): 1289−1315.

[51] Wang C, Xie Y, Zhang D. Deep learning for bearing fault diagnosis under different working loads and non-fault location point[J]. Journal of Low Frequency Noise Vibration and Active Control, 2021, 40(1): 588−600.

[52] Du T, Zhang H, Wang L. Analogue circuit fault diagnosis based on convolution neural network[J]. Electronics Letters, 2019, 55(24): 1277−1279.

[53] Liao W, Yang D, Wang Y, et al. Fault diagnosis of power transformers using graph convolutional network[J]. CSEE Journal of Power and Energy Systems, 2021, 7(2): 241−249.

[54] Wang Y, Ding X, Zeng Q, et al. Intelligent rolling bearing fault diagnosis via vision ConvNet[J]. IEEE Sensors Journal, 2021, 21(5): 6600−6609.

[55] Lu Y, Xie R, Liang S Y. Bearing fault diagnosis with nonlinear adaptive dictionary learning[J]. International Journal of Advanced Manufacturing Technology, 2019, 102(9−12): 4227−4239.

[56] Zhang Z, Chen H, Li S, et al. Sparse filtering based domain adaptation for mechanical fault diagnosis[J]. Neurocomputing, 2020, 393: 101−111.

[57] Liu ZH, Lu BL, Wei HL, et al. Deep adversarial domain adaptation model for bearing fault diagnosis[J]. IEEE Transactions on Systems, Man, and Cybernetics: Systems, 2021, 51(7): 4217−4226.

[58] Shao S, Mcaleer S, Yan R, et al. Highly accurate machine fault diagnosis using deep transfer learning[J]. IEEE Transactions on Industrial Informatics, 2019, 15(4): 2446−2455.

[59] Zhang Y, Mu L, Liu J, et al. Application of fault propagation intensity in fault diagnosis of CNC machine tool[J]. Journal of the Chinese Institute of Engineers, Transactions of the Chinese Institute of Engineers, Series A, 2020, 43(2): 153−161.

[60] Ibrahim S K, Ahmed A, Zeidan M A E, et al. Machine learning techniques for satellite fault diagnosis[J]. Ain Shams Engineering Journal, 2020, 11(1): 45−56.

[61] Wang X, Han T. Transformer fault diagnosis based on stacking ensemble learning[J]. IEEJ Transactions on Electrical and Electronic Engineering, 2020, 15(12): 1734−1739.

[62] Cao Z, Du X. An intelligent optimization-based particle filter for fault diagnosis[J]. IEEE Access, 2021, 9: 87839−87848.

[63] Wang C, Xu Z. An intelligent fault diagnosis model based on deep neural network for few-shot fault diagnosis[J]. Neurocomputing, 2021, 456: 550−562.

[64] Feng L, Zhao C. Fault description based attribute transfer for zero-sample industrial fault diagnosis[J]. IEEE Transactions on Industrial Informatics, 2021, 17 (3): 1852−1862.

[65] Lampert C H, Nickisch H, Harmeling S. Learning to detect unseen object classes by between-class attribute transfer[C]//IEEE Computer Society Conference on Computer Vision and Pattern Recognition (CVPR). IEEE, 2009. DOI:10. 1109/CVPR. 2009. 5206594.

[66] Shen F, Lu ZM. A semantic similarity supervised autoencoder for zero-shot learning[J]. IEICE Transactions on Information and Systems, 2020, E103D (6): 1419−1422.

[67] Gong P, Wang X, Cheng Y, et al. Zero-shot classification based on multi-task mixed attribute relations and attribute-specific features[J]. IEEE Transactions on Cognitive and Developmental Systems, 2020, 12(1): 73−83.

[68] Ou G, Yu G, Domeniconi C, et al. Multi-label zero-shot learning with graph convolutional networks[J]. Neural Networks, 2020, 132: 333−341.

[69] Gao Y, Gao L, Li X, et al. A zero-shot learning method for fault diagnosis under unknown working loads[J]. Journal of Intelligent Manufacturing, 2020, 31(4): 899−909.

[70] Zhuo Y, Ge Z. Auxiliary information-guided industrial data augmentationfor any-shot fault learning and diagnosis[J]. IEEE Transactions on Industrial Informatics, 2021, 17(11): 7535−7545.

[71] Senanayaka J S L, Van Khang H, Robbersmyr K G. Toward self-supervised feature learning for online diagnosis of multiple faults in electric powertrains[J]. IEEE Transactions on Industrial Informatics, 2021, 17(6): 3772−3781.

[72] Lee J, Lee Y C, Kim J T. Fault detection based on one-class deep learning for manufacturing applications limited to an imbalanced database[J]. Journal of Manufacturing Systems, 2020, 57: 357−366.

[73] El Koujok M, Ghezzaz H, Amazouz M. Energy inefficiency diagnosis in industrial process through one-class machine learning techniques[J]. Journal of Intelligent Manufacturing, 2021, 32(7): 2043−2060.

[74] Yang Z, Long J Y, Zi Y Y, et al. Incremental novelty identification from ini-

tially one-class learning to unknown abnormality classification[J]. IEEE Transactions on Industrial Electronics, 2022, 69(7): 7394—7404.

[75] Thi N D T, Do T D, Jung J R, et al. Anomaly detection for partial discharge in gas-insulated switchgears using autoencoder[J]. IEEE Access, 2020, 8: 152248—152257.

[76] Lu Y F, Xie R, Liang S Y. CEEMD-assisted kernel support vector machines for bearing diagnosis[J]. International Journal of Advanced Manufacturing Technology, 2020, 106(7—8): 3063—3070.

[77] Zhao Y P, Huang G. Soft one-class extreme learning machine for turboshaft engine fault detection[J]. Proceedings of the Institution of Mechanical Engineers Part G-Journal of Aerospace Engineering, 2022, 236(13): 2708—2722.

[78] Yang H H, Meng C, Wang C. A hybrid data-driven fault detection strategy with application to navigation sensors[J]. Measurement & Control, 2020, 53(7—8): 1404—1415.

[79] He A Q, Jin X N. Deep variational autoencoder classifier for intelligent fault diagnosis adaptive to unseen fault categories[J]. IEEE Transactions on Reliability, 2021, 70(4): 1581—1595.

[80] Mcleay T, Turner M S, Worden K. A novel approach to machining process fault detection using unsupervised learning[J]. Proceedings of the Institution of Mechanical Engineers Part B-Journal of Engineering Manufacture, 2021, 235(10): 1533—1542.

[81] Pan T, Chen J, Zhang T, et al. Generative adversarial network in mechanical fault diagnosis under small sample: A systematic review on applications and future perspectives[J]. ISA transactions, 2021.

[82] Wen W G, Bai Y H, Cheng W D. Generative adversarial learning enhanced fault diagnosis for planetary gearbox under varying working conditions[J]. Sensors, 2020, 20(6).

[83] Liu S W, Jiang H K, Wu Z H, et al. Data synthesis using deep feature enhanced generative adversarial networks for rolling bearing imbalanced fault diagnosis [J]. Mechanical Systems and Signal Processing, 2022, 163.

[84] Li C, Cabrera D, Sancho F, et al. Fusing convolutional generative adversarial encoders for 3D printer fault detection with only normal condition signals[J]. Mechanical Systems and Signal Processing, 2021, 147.

[85] Jiao J Y, Zhao M, Lin J. Unsupervised adversarial adaptation network for

intelligent fault diagnosis[J]. IEEE Transactions on Industrial Electronics，2020，67 (11)：9904—9913.

[86] Pu Z Q, Cabrera D, Bai Y, et al. A one-class generative adversarial detection framework for multifunctional fault diagnoses[J]. IEEE Transactions on Industrial E-lectronics，2022，69(8)：8411—8419.

[87] Zou Y S, Shi K M, Liu Y Z, et al. Rolling bearing transfer fault diagnosis method based on adversarial variational autoencoder network[J]. Measurement Science and Technology，2021，32(11).

[88] Pan T Y, Chen J L, Qu C, et al. A method for mechanical fault recognition with unseen classes via unsupervised convolutional adversarial auto-encoder[J]. Measurement Science and Technology，2021，32(3).

[89] Wang B, Lei Y G, Li N P, et al. A hybrid prognostics approach for estimating remaining useful life of rolling element bearings[J]. IEEE Transactions on Reliability，2020，69(1)：401—412.

[90] Lei Y G, Li N P, Gontarz S, et al. A model-based method for remaining useful life prediction of machinery[J]. IEEE Transactions on Reliability，2016，65(3)：1314—1326.

[91] Liu Y C, Hu X F, Zhang W J. Remaining useful life prediction based on health index similarity[J]. Reliability Engineering & System Safety，2019，185：502—510.

[92] Zheng H, Cheng G, Li Y, et al. A new fault diagnosis method for planetary gear based on image feature extraction and bag-of-words model[J]. Measurement，2019，145：1—13.

[93] Bastami A R, Aasi A, Arghand H A. Estimation of remaining useful life of rolling element bearings using wavelet packet decomposition and artificial neural network[J]. Iranian Journal of Science and Technology-Transactions of Electrical Engineering，2019，43：233—245.

[94] Wang H, Ma X B, Zhao Y. An improved Wiener process model with adaptive drift and diffusion for online remaining useful life prediction[J]. Mechanical Systems and Signal Processing，2019，127：370—387.

[95] Cheng F Z, Qu L Y, Qiao W, et al. Enhanced particle filtering for bearing remaining useful life prediction of wind turbine drivetrain gearboxes[J]. IEEE Transactions on Industrial Electronics，2019，66(6)：4738—4748.

[96] Zhang X, Miao Q, Liu Z W. Remaining useful life prediction of lithium-ion battery using an improved UPF method based on MCMC[J]. Microelectronics Reliability, 2017, 75: 288－295.

[97] Yang B Y, Liu R N, Zio E. Remaining useful life prediction based on a double-convolutional neural network architecture[J]. IEEE Transactions on Industrial Electronics, 2019, 66(12): 9521－9530.

[98] Yang L, Wang F, Zhang J J, et al. Remaining useful life prediction of ultrasonic motor based on Elman neural network with improved particle swarm optimization [J]. Measurement, 2019, 143: 27－38.

[99] Laredo D, Chen Z Y, Schutze O, et al. A neural network-evolutionary computational framework for remaining useful life estimation of mechanical systems[J]. Neural Networks, 2019, 116: 178－187.

[100] Xia M, Li T, Shu T X, et al. A two-stage approach for the remaining useful life prediction of bearings using deep neural networks[J]. IEEE Transactions on Industrial Informatics, 2019, 15(6): 3703－3711.

[101] Wang Q B, Zhao B, Ma H B, et al. A method for rapidly evaluating reliability and predicting remaining useful life using two-dimensional convolutional neural network with signal conversion[J]. Journal of Mechanical Science and Technology, 2019, 33(6): 2561－2571.

[102] Li N P, Gebraeel N, Lei Y G, et al. Remaining useful life prediction of machinery under time-varying operating conditions based on a two-factor state-space model [J]. Reliability Engineering & System Safety, 2019, 186: 88－100.

[103] Prakash G, Narasimhan S, Pandey M D. A probabilistic approach to remaining useful life prediction of rolling element bearings[J]. Structural Health Monitoring-an International Journal, 2019, 18(2): 466－485.

[104] Cui L L, Wang X, Xu Y G, et al. A novel switching unscented Kalman filter method for remaining useful life prediction of rolling bearing[J]. Measurement, 2019, 135: 678－684.

[105] Ge Y, Guo L, Dou Y. Remaining useful life prediction of machinery based on K-S distance and LSTM neural network[J]. International Journal of Performability Engineering, 2019, 15(3): 895－901.

[106] 吕明珠, 苏晓明, 刘世勋, 等. 风力机轴承实时剩余寿命预测新方法[J]. 振动. 测试与诊断, 2021, 41(01): 157－163＋206.

［107］杨志远，赵建民，李俐莹，等.二元相关退化系统可靠性分析及剩余寿命预测［J］.系统工程与电子技术，2020，42(11)：2661－2668.

［108］王泽洲，陈云翔，蔡忠义，等.基于复合非齐次泊松过程的不完美维修设备剩余寿命预测［J］.机械工程学报，2020，56(22)：14－23.

［109］李航，张洋铭.基于状态监测数据的航空发动机剩余寿命在线预测［J］.南京航空航天大学学报，2020，52(4)：572－579.

［110］王泽洲，陈云翔，蔡忠义，等.基于比例关系加速退化建模的设备剩余寿命在线预测［J］.系统工程与电子技术，2021，43(2)：584－592.

［111］宋仁旺，张岩，石慧.基于 Copula 函数的齿轮箱剩余寿命预测方法［J］.系统工程理论与实践，2020，40(9)：2466－2474.

［112］Ma M，Mao Z. Deep-convolution-based LSTM network for remaining useful life prediction［J］. IEEE Transactions on Industrial Informatics，2021，17(3)：1658－1667.

［113］Rezamand M，Kordestani M，Orchard M E，et al. Improved remaining useful life estimation of wind turbine drivetrain bearings under varying operating conditions［J］. IEEE Transactions on Industrial Informatics，2021，17(3)：1742－1752.

［114］Cai H S，Jia X D，Feng J S，et al. A similarity based methodology for machine prognostics by using kernel two sample test［J］. Isa Transactions，2020，103：112－121.

［115］Wang B，Lei Y G，Yan T，et al. Recurrent convolutional neural network：A new framework for remaining useful life prediction of machinery［J］. Neurocomputing，2020，379：117－129.

［116］Wang Z Q，Hu C H，Fan H D. Real-time remaining useful life prediction for a nonlinear degrading system in service：Application to bearing data［J］. IEEE-ASME Transactionson Mechatronics，2018，23(1)：211－222.

［117］Jang J，Kim C O. Siamese network-based health representation learning and robust reference-based remaining useful life prediction［J］. IEEE Transactionson Industrial Informatics，2022，18(8)：5264－5274.

［118］Zhang W，Li X. Data privacy preserving federated transfer learning in machinery fault diagnostics using prior distributions［J］. Structural Health Monitoring-an International Journal，2022，21(4)：1329－1344.

［119］Hsu C Y，Lu Y W，Yan J H. Temporal convolution-based long-short term memory network with attention mechanism for remaining useful life prediction［J］.

IEEE Transactions on Semiconductor Manufacturing，2022，35(2)：220－228.

[120] Jiang Y M，Xia T B，Wang D，et al. Adversarial regressive domain adaptation approach for infrared thermography-based unsupervised remaining useful life prediction[J]. IEEE Transactionson Industrial Informatics，2022，18(10)：7219－7229.

[121] Siahpour S，Li X，Lee J. Deep learning-based cross-sensor domain adaptation for fault diagnosis of electro-mechanical actuators[J]. International Journal of Dynamics and Control，2020，8(4)：1054－1062.

[122] Li N P，Lei Y G，Lin J，et al. An improved exponential model for predicting remaining useful life of rolling element bearings[J]. IEEE Transactions on Industrial Electronics，2015，62(12)：7762－7773.

[123] Chen Z Y，Gryllias K，Li W H. Intelligent fault diagnosis for rotary machinery using transferable convolutional neural network[J]. IEEE Transactions on Industrial Informatics，2020，16(1)：339－349.

[124] Qian C H，Zhu J J，Shen Y H，et al. Deep transfer learning in mechanical intelligent fault diagnosis：application and challenge[J]. Neural Processing Letters，2022，54(3)：2509－2531.

[125] Elbir A M，Coleri S，Papazafeiropoulos A K，et al. A hybrid architecture for federated and centralized learning[J]. IEEE Transactions on Cognitive Communications and Networking，2022，8(3)：1529－1542.

[126] Cui L，Qu Y Y，Xie G，et al. Security and privacy-enhanced federated learning for anomaly detection in iot infrastructures[J]. IEEE Transactions on Industrial Informatics，2022，18(5)：3492－3500.

[127] Massaoudi M，Abu-Rub H，Refaat S S，et al. Deep learning in smart grid technology：a review of recent advancements and future prospects[J]. IEEE Access，2021，9：54558－54578.

[128] Ma X，Wen C L. An asynchronous quasi-cloud/edge/client collaborative federated learning mechanism for fault diagnosis[J]. Chinese Journal of Electronics，2021，30(5)：969－977.

[129] Li S J，Yu J B. A multisource domain adaptation network for process fault diagnosis under different working conditions[J]. IEEE Transactions on Industrial Electronics，2023，70(6)：6272－6283.

[130] Geng D Q，He H W，Lan X C，et al. Bearing fault diagnosis based on improved federated learning algorithm[J]. Computing，2022，104(1)：1－19.

［131］Yang W Q，Yu G. Federated multi-model transfer learning-based fault diagnosis with peer-to-peer network for wind turbine cluster［J］. Machines，2022，10(11).

［132］Zhang W，Li X. Federated transfer learning for intelligent fault diagnostics using deep adversarial networks with data privacy［J］. IEEE-ASME Transactions on Mechatronics，2022，27(1)：430－439.

［133］Liu Q，Yang B，Wang Z J，et al. Asynchronous decentralized federated learning for collaborative fault diagnosis of PV stations［J］. IEEE Transactions on Network Science and Engineering，2022，9(3)：1680－1696.